大是文化

業務學

保證拿下訂單的流程

セールス・イズ
科学的に「成果をコントロールする」
営業術

日本最強代銷公司月月 50 萬筆數據分析，
免糾纏、免口才，年年吸引萬人搶上課

日本最強代銷公司「賽雷布利克斯」
行銷總監、業務培訓講師
今井晶也 —— 著
黃雅慧 —— 譯

目錄

第二章

頂尖業務都很重視的基本功 45

第三章 比努力更重要的事：找對客戶 83

第四章 年年吸引萬人搶著上課的推廣流程 139

第五章

讓新客戶變潛在客戶 163

第六章

讓潛在客戶變真客戶 245

第七章 續單的關鍵：良好售後服務 279

結語

推薦序

從「好」邁向「頂尖」

威煦軟體開發公司總經理、臺灣B2B業務權威／吳育宏

現代是「大數據」時代，每天在我們工作與生活的周遭，時時刻刻有許多數據產生。工廠機器運作的同時，管理後臺不斷記錄著轉速、溫度、噪音值；人來人往的餐廳門市，收銀臺持續產生消費的金額、品項、時間；銷售團隊填寫日報表、週報表的過程，累積許多關於業務活動「質」與「量」的線索。

然而，每當我們做出一次又一次的決策，例如：生產力從哪裡開始提升？餐廳獲利從什麼地方改善？銷售行為從何處著手調整？管理者有時卻又流於經驗、直覺，甚至是人情世故的包袱，無法和理性的數據串聯在一起。

威煦軟體（Wishing-Soft）過去十年深耕臺灣工業製造廠區，致力以數位科

技解決「環安衛」（環境、安全、健康）領域的問題，讓我們深深感受到「數位轉型」帶來的改變與巨大價值。原本存放在紙本文件的資料，數位化之後進行系統化的分析，有效協助管理者改善決策品質，進而提升廠區運作的安全與效率。

事實上，銷售管理也可以進行「數位轉型」，我認為本書就是相當好的參考教材。

有些讀者可能質疑：「這本書既沒提到什麼酷炫的數位科技，也沒有大量的圖表資料分析，跟數位轉型有什麼關係呢？」

從此書取材與撰寫的時空背景，可一窺究竟。作者任職的代銷公司「賽雷布利克斯」，經手過上萬件的產品與服務，銷售團隊有超過五百名業務人員。正因為累積大量的銷售實戰經驗，橫跨不同的市場類別，作者從中歸納出提升銷售績效的經驗法則，非常具有參考價值。

我覺得特別精彩的內容包括：年年吸引萬人搶著上課的推廣流程、業務員的NG言行檢核表（不該做的事）、目標客戶名單必備的四大要素、約訪的三大密技、顧問式行銷的七大流程、拉近商談距離的四大步驟等。作者將業務銷售的過程，整理得清晰有邏輯，搭配深入淺出的案例說明，讓人一翻開書就欲罷不能。

我接觸過非常多業務員，在我看來，「好」和「頂尖」之間的最大差別，在於看待「細節」的態度。好的業務員看到這種經驗分享，可能會說：「喔，這裡面的內容我早就懂了，而且也在實踐當中。」但是頂尖的業務員會找出做得不夠的細節，專注在自己「還未實踐」的部分。

誠摯的推薦本書，它能在銷售能力從「好」邁向「頂尖」的路途上，助你一臂之力。

前言

每月五十萬筆數據分析得出的成交關鍵

業務銷售向來是以業績論英雄的世界。業務員一帆風順時，自然意興風發，覺得前途充滿挑戰，但是到處碰壁時，卻又容易倍感挫折。這是一個黑是黑、白是白，天堂與地獄的兩極世界。

凡是踏入這一行絕不可能混吃等死，總是求神拜佛的期待月底有個好業績。然而天下不如意事，十常八九，既有訂單接到手軟的時候，一定也有到處碰壁、業績掛零的可能，面對業績壓力，毫無頭緒的直直衝也實屬人之常情。

「世上難道沒有任何技法能讓業務員心想事成，成功敲下每一筆訂單嗎？」

我相信有人聽了以後會躍躍欲試，但勢必也有人嗤之以鼻：「真有這麼厲害？怎麼不早說！」

這些質疑其實也無可厚非。因為對於局限在傳統思維，不知何謂勝利方程式的業務員而言，自然將所有發想視為天方夜譚、天馬行空。然而只憑直覺、運氣或幹勁等無法掌控的因素銷售商品，只會讓業績如同雲霄飛車般時高時低。

由此可見，憑藉有憑有據的理論才能締造佳績，而**本書的目的便是從科學角度出發，帶領各位體驗訂單「百無一失」的業務操控術**。

我是賽雷布利克斯公司（Cerebrix Corporation）的行銷總監（chief marketing officer，簡稱CMO）今井晶也。首先，請容我簡單介紹個人經歷與賽雷布利克斯的概況。

不知各位是否聽過業務代銷這個名詞？所謂的代銷，就是替客戶推廣市場、銷售商品或共同研擬行銷方案。因此，在業務的委託期間，我們不論是交換名片或者電訪，大多以客戶的員工自稱。

然而，業務代銷又不等同於代理商。做我們這一行，打的是「客戶」的名號，因此便如同該公司的業務員，在外尋找買家或拉攏生意。

而我所任職的賽雷布利克斯在提供業務支援的領域上，不僅歷史悠久、經驗豐富，成績在業界更是有目共睹。公司自創立以來，**合作過的企業高達一千一百多家，經手的商品或服務多達一萬兩千件**，基於業界不可動搖的專業性，為客戶提供代銷或研擬與推廣行銷專案的服務。

我可以誇口，相信整個日本找不到幾家類似本公司的服務如此「全方位」。更重要的是，我們不僅在「質」的方面所向披靡；在「量」的方面，不論經手的專案成功與否，亦是數量龐大，絕非其他公司所能及。

我在賽雷布利克斯除了擔任行銷總監一職以外，另身兼業務培訓講師，這個頭銜乍看之下還挺唬人的，但實際的工作內容大多站在研發的角度，跟催客戶專案或開拓客源。

例如將公司於業務支援中得到的數據，彙整成業務報告，或透過各種活動、研討會來分享或加以宣傳。

每當我在臺上發表心得時，總有人好奇的問：「賽雷布利克斯是如何做到全方位服務的呢？」

答案很簡單，那是因為我們公司手中握有利器，也就是前面所提到的訂單

「百無一失的業務操控術」。

而操控術的關鍵，便是有賴於日積月累的市場資訊，與其背後龐大的數據庫。

我從不跟部屬說：只要努力就會成功

賽雷布利克斯承辦各種不同業界與形形色色的行銷專案，其中既有摸得到、看得著的實體商品，也有無形的服務，而收費方式更是多樣化，從一次性消費到月付型的定期採購等，全憑商品或服務的性質而定。

除此之外，還必須根據代銷商品的特性，篩選目標客戶以求圓滿結案，委託的客戶規模更是從大型企業到新創公司不一而足。

為了因應規模與內容各自不同的代銷專案，我們公司旗下聘有將近五百名（二〇二一年五月的資料）的業務專員，每人每天透過五十到一百通的電訪尋找商機。

僅以一天五十通電訪來算，一個月二十個工作天這樣算下來，所有業務員加起來，能取得五十萬件的業務樣本或市場資訊。這麼龐大的資訊量才是賽雷布利克斯傲人的利器。

我不是往自家公司臉上貼金，單就賽雷布利克斯累積的數據量而言，足以製作各種統計圖表（也就是打遍天下無敵手的概念）。

我們公司在做事上習慣用事實說話，因此，才會摒棄直覺或只要努力就會成功等毫無根據的自我催眠，而是以創業二十三年以來的寶貴經驗為基礎，嘗試從科學角度，藉由理論與技術來銷售。

這套專業知識經過系統化整理以後，集結為《業務行銷指南》提供給客戶，當作開拓市場的參考書。換句話說，這本指南就是業務銷售的兵書。

話說回來，我們公司的業務行銷指南，其實來自於業務員碰壁後的反省與因應對策。例如，在日常的推廣業務中，探聽商品不受青睞的理由，或是客戶拒絕的時機點等，進而對症下藥，研擬行銷對策。

然而，業務行銷指南並非一成不變。例如，蒐集先前所說的業務數據以外，還透過最新的行銷工具或重新設計訂購方法等，根據不同的專案需求隨時調整與升級。

因為再怎麼完善的行銷指南，都必須派得上用場才有意義。對於賽雷布利克斯而言，更新行銷指南無非日常工作的一環罷了。

業務員，日本職業別人口前五名

我因為推廣業務或員工面試等工作，每年接觸的同業約為七千人。其中，只要是業界的門外漢或新手聚集的場合，我總喜歡拋出一個經典問題，有興趣的讀者也不妨試著自問。

那就是：「請問各位，當有人提到業務員這一個字眼時，大家腦海中第一個聯想到什麼？」

事實上，我得到的答案幾乎是一面倒的「扛業績啊」，或者「吼，聽說很操」之類的負面回答。就日本目前的現況來看，業務員人數不僅已達三百三十萬，與銷售員合計更是高居日本職業別人口的前五名。即便如此，年輕族群對業務銷售這一塊卻始終敬而遠之，興趣缺缺。

賽雷布利克斯曾做過關於一項業務銷售的好感度調查：在隨機取樣的三百名業務員中，針對「你會推薦親友從事業務銷售的工作嗎？」的提問，竟然有五七％的受訪者反對。

對於這些受訪者而言，或許眼裡看去的盡是業務銷售的艱辛與不易吧。例如業績壓力、不受主管肯定、客戶的刁難或者同事間的小動作……在諸如此類人際關係的泥淖中，難免懷疑：「當初怎麼選了這一行呢？」結果越做越氣餒，最後失去自信。

然而，受訪對象如果換成積極蒐集市場資訊的「頂尖業務」的話，面對同樣的提問，卻有九三％的人贊成（受訪者共三百零五人）。

試想，凡是有能力成為頂尖業務的佼佼者，大多深受主管、客戶或者同事倚賴，隨時感受自我的存在價值。對於這群人而言，在工作中受到肯定與被加薪，皆助長自我肯定的心態。因此，業務銷售帶來的成就感促使他們願意打包票，建議親友加入業務的行列。

總而言之，**業務員是否樂於工作、感到幸福，關鍵在於「績效」。即使目前**

的業績尚未達標，但只要做出成績，就會喜歡上業務銷售這一行，甚至連職場的人際關係也會變得順遂。

各位別看我現在掛著業務培訓講師的頭銜，一副意興風發的模樣。其實，我也有過一段到處吃閉門羹的低潮期。

當時的我也是不免俗的給自己找藉口，例如：「賣不出去是商品的問題，跟我有什麼關係」或者「這種商品賣得出去才怪」等，反正千錯萬錯都是別人的錯。到現在，我依然記得因為工作上的不順利，讓我的日常生活變得一團糟，甚至顛覆我對踏入社會的憧憬。

話說回來，正因為我曾深受其苦，才能以過來人的身分斬釘截鐵的說一句：「只要做出業績，業務銷售絕對是幸福感爆棚的職業。」

本書所介紹的是賽雷布利克斯針對「客源開拓」這一塊，在員工培訓與業務代銷時常用的業務銷售技法，連同線上課程的學員在內，每年約有一．五萬名的業務員或客戶研習這項技法。

除此之外，**本書將重點集中於推播式行銷（outbound marketing，指買方**

積極推廣或利用媒體推廣的商業模式）與開拓客源的結合。

推播式的開拓客源宛如扭轉乾坤般，堪稱業務銷售中至難的關卡。因為必須打動客戶的心意，讓原本沒有希望成交的訂單，硬生生的殺出一線生機，又因為是至難的關卡，推播式行銷所累積的專業知識，更有利於既有客戶或直效式行銷（direct response marketing，透過網路、電視等媒體，向潛在客戶宣傳他們可能感興趣的商品，吸引他們主動查詢、訂購）的業務推廣。

身為一名業務老兵，我衷心期盼本書有助於各位提振業績，開拓眼界與胸襟，甚至以踏入業務銷售這一行為榮，每天帶著滿懷的自信心衝鋒陷陣。

業界常見術語

在進入第一章以前，特別彙整出本書中的專業術語，提供讀者參考。

- 推播式行銷：賣方主動推廣的業務型態（＝推動型業務）。
- 集客式行銷（inbound marketing）：吸引買方購買的一種業務型態（＝拉引型業務）。
- 線索（lead）：潛在客戶或相關資訊。
- 行銷線索（sales opportunity lead，簡稱ＳＯＬ）：指下單時機明確的潛在型客戶。
- 行銷專員（marketer）：以潛在客戶或口袋預定單為主的業務推廣。
- 內勤業務（inside sales）：指非面對面式行銷或業務推廣，含預約客戶或電訪等。

- 外勤業務（field sales）：指拜訪型業務銷售與業務員。隨著線上商談的興起，大多掛名專案經理。
- 專案（case）：具體提案的商談（含口袋預定單的客戶）。
- 接觸點（touch point）：客戶的接觸方式或關聯性。
- 訪談（interview）：透過電話預約或商談，探聽客戶資訊。
- 投售（pitch）：簡短的推銷話術。
- 上線（on boarding）：商品引進或應用說明。
- 試用版（free trial）：免費或簽約前的試用服務。
- 客戶成功（customer success）：協助客戶實現理想的行銷概念。有時亦指業務內容或與負責窗口。
- 投入度（engagement）：指雙方的信賴關係或牽絆。

第1章

銷售不能死纏爛打，我用事實說話

若以烹飪來比喻，本書就好比食譜，一一分解業務的銷售手法與技巧。然而，食譜看似條列分明、簡單，卻暗藏玄機。明明食材的用量與烹調步驟絲毫不差，卻可能因人而異，讓整道料理荒腔走板。

那問題出自何處？說到底無非是廚師只顧著磨練廚藝，卻忘了整道菜的精髓。其實商場也是同樣的道理，想必各位也想方設法的提升自己的業務能力，例如現買現賣的行銷話術、一次搞定客戶的內線消息等，總而言之，在業績的壓力下要追求速效的行銷技巧。

問題是行銷技巧不過是其中的一環，如果不能對業務銷售有全盤的認知，便宛如紙上談兵，派不上任何用場。

因此，有志於此者對於交易流程應該具備基本概念，例如「業務員的工作為何？」、「如何盡責又出色？」、「如何百無一失的敲下每一筆訂單？」等，相信唯有透過以上的反思，各位的心目中對於業務員的定義才能有一個雛形。

01 我從不說服對方，只拿成功案例給他

在提供企管諮詢時，常遇到「如何提高銷售額」之類的話題，此時，我總是回答：「不是吧，銷售額？這種概念早就跟不上時代。」當然，銷售額不會平白無故的創新高，客戶也不可能莫名其妙的下單，世上萬物自有道理可循，重要的是找出其中的脈絡。

不可諱言的，生意成交與否，有時與運氣或時機等有關，例如「碰到客戶的採購時機」或「透過熟人介紹，與客戶牽上線」之類的好運。

問題是，一旦寄望於這些單憑運氣的成功案例，反而是自掘墳墓，陷入可望不可及的危機而不自知。

話說回來，客戶如果無意交易，也會備妥一套說詞，無非以下幾種，例如：

「買了你們家的產品就一定能解決我們的問題？」

「不是吧，這種報價？我不如找其他便宜貨試看看。」

「我也想用你們家的產品啊，問題是主管不簽呀！」

我相信這些推託的理由，各位絕對不陌生，甚至有一種「怎麼又來了……」的無力感。

而我對於客戶的推託之詞早已有一套對策，因此，我們兵來將擋、水來土掩的在各個業務流程中一一排除這些障礙。

例如，當業務員面對客戶抱怨：「買了你們家的產品就一定能解決我們的問題？」或「不是吧，這種報價？我不如找其他便宜貨試看看。」時，若能讓客戶理解引進商品對於解決課題的重要性，便能減少掉單的機率。

簡而言之，就是**透過其他公司的成功案例或模擬等，避免流於空談，同時加**

強說服的力道。

所謂從科學角度出發，訂單百發百中的業務操控術，其**關鍵就在於複製成功的案例**。對於有緣閱讀本書的讀者而言，首先該做的是，不再憑藉偶然、運氣或可遇不可求的奇蹟，妄想因此簽下百萬訂單或成為當紅炸子雞。

身為業務員必須牢記的是，唯有「掌握在自己手掌心」的，才值得絞盡腦汁與花費寶貴的時間。

02
被拒絕很正常，但你要問出他「不買的理由」

接下來，讓我們透過下列數據，了解客戶之所以「不買單」的幾大因素。

左頁的圖表1為透過推播式行銷，開發新客戶的結果（為期三個月）。有鑑於客戶的下單率依商品屬性而有所不同，因此圖表1中將商品分為「低價型」與「提案型」兩大類。

如圖表1所示，即使你磨破嘴皮子推銷低價型商品，客戶的下單率也不過二七%，不到三成。

而提案型的商品下單率更低，只有一八%，相當於十筆商談中，敲下的訂單不過一、二筆。由此可見，即使業務員使出渾身解數，仍有八二%的客戶不買單。

圖表1　客戶不買單的比例，高達82%

	3個月電訪數	3個月商談數	3個月訂單數	商談下單率	電訪下單率
低價型商品 ■ 交易金額偏低 ■ 按業績提成 ■ 以零售業等老闆為主的速決型行銷	3000	57	15	27%	0.5%
提案型商品 ■ 高單價商品或服務。 ■ 一次性下單或定期採購。 ■ 行銷對象不特定或1人以上。	1200	28	5	18%	0.4%

商談中的客戶不買單的比例**高達 82%**

總而言之，就開拓客源的領域而言，吃閉門羹簡直是業務銷售的常態。若比較電訪數（打電話的次數），提案型商品的下單率為〇·四%，換句話說，亦即一千兩百通的電訪中，只拿得下五筆訂單。

反過來說，也就是打了一千兩百通的電話，其中的一千一百九十五通全是做白工，或對方尚未做決定。

我相信即便是與業務扯不上邊的人，或多或少知道撬開一扇陌生的門有多麼不容易。然而，透過圖表1的數據，想必能讓更多人領悟開拓客源何止不易，簡直是不可能的任務。

不過，為什麼開拓推播式行銷的客源總是吃力不討好？理由很簡單，無非是「找錯目標」罷了。

試想某項商品如果極具市場魅力，那麼無須業務員推銷，自有客戶上門洽詢，訂單甚至會如雪片般飛來。然而，面對不買單的客戶，業務員只能使出推播式行銷攻城掠地。

換個角度思考，面對無意交易的客戶，即使拿不下訂單也是常理所在，業務員又何必為這些原本拿不下的訂單垂胸頓足。

雖說如此，也不能以此自我安慰。所謂知己知彼、百戰百勝，我們有必要推敲客戶不買單的理由。

根據圖表1的數據，就開拓客源的業務領域中，不買單的客戶遠遠超過下單的客戶，而這些樣本的數量直接反映數據的可靠性。

話說回來，業務銷售講求機率論（probability theory），凡是有改善的空間，就應該花費時間與人力思考解決對策，以防患未然。更何況，客戶下訂單是業務流程中的最後一環。

換句話說，即便知道某項商品之所以獲得客戶青睞的理由，也不可能立時三刻的依樣畫葫蘆，直接套用在其他商品上。另一方面，某項商品如果不受客戶青睞，不用到最後關頭，必定在業務流程中透露出線索，而能越早改善銷售方式越好。

由此可知，若能將客戶不買單的理由了然於胸，等於握有一張王牌，將被動化為主動，確保所有的訂單都成交。

因此，**不論是預約客戶或上門拜訪時吃閉門羹，應該一一記錄客戶推託的理由，以作為今後推廣業務的參考依據**。即便最後未能敲下訂單，也不應落跑，而是要追問客戶：「請問貴公司不考慮引進商品，是有什麼顧慮嗎？」或是「可以冒昧請教我們家產品不被採納的理由嗎？」等，確認掉單的事由。

即便只是簡短的幾句問答，卻可能為自己帶來無限商機。

03 業務高手的必備技能：把客戶的期待可視化

接下來，讓我們來思考商品對於客戶的意義。各位可曾想過對於第一次交易的客戶而言，他們為何願意下單，又為了什麼下單呢？

回答「滿意業務員提供的商品」的人，我只能說這是似懂非懂的見解。因為客戶之所以下單，看重的並非商品本身，而是商品將帶來的效果或能達到某種目的。

所以把商品意義，想成「客戶之所以下單，是為了解決該公司面臨的問題或課題」，才是正確答案。因為業務員的任何一項提案都必須以符合客戶需求為前提。

然而，當客戶在合約上大筆一揮時，他們抱持的課題就此迎刃而解了嗎？只要下單便能滿足客戶的需求嗎？

事實上，大多數的客戶在下單的當下，**尚未獲得商品或服務**，根本感受不到任何好處，即便如此，假如**客戶仍然願意下單，那麼他們看中的不是所謂的商品或者須解決的課題，而是隨之而來的期待感**。

這是業務員必須牢記的法則，客戶的訂單雖然摸得著、看得到，但唯有提供一個無限可能的想像空間，才能左右客戶的下單意向。

對於業務員來說，如何描繪出一幅藍圖，讓客戶想像下單後，所有問題迎刃而解，便成為生意能否成交的關鍵所在。**有志於此的業務員應將展現「期待值的可視化」，視為必備技能之一**。

而我更希望透過本書，解說如何在實務中透過客戶對於商品的期待值，順利拿下訂單。就某種層面來說，也就是在訪談中，讓客戶意識到你的商品對於該公司的重要性與急迫性，進而產生下單一試的意願。

除此之外，一旦客戶開始認真考慮是否下單時，業務員便應該準備「成功案例」（有利實證）與「競爭優勢」等各項題材。

04 最強話術：「我沒記錯的話，誰誰誰也有這樣的困擾。」

話說回來，面對時代變化，業務員又該如何展現商品的可行性，吸引客戶的目光呢？說到底無非是說話方式、交際手腕、善於傾聽、提示能力或主導力等必備的業務技巧。只不過這些技巧需要時日磨練，絕非一朝一夕便能上手。

然而，各位也無須因此灰心，即便沒有高超的業務技巧或者豐富的銷售經驗，世上**還有一項更厲害的武器，同樣有辦法讓客戶感受商品的期待值——那就是銷售數據**。

不過，此時的數據不單單是商品性能或實證，還包含客戶案例，其中的客戶案例更應該做到信手拈來的程度。近年來，不少人提倡數據驅動行銷（Data Driven

Sales），但身為業務員應該了解到，最好的數據行銷莫過於「應用案例」。

話說回來，客戶案例當真如此好用嗎？我個人認為至少有以下三大優勢：

- 突顯期待值的可視度。
- 點出問題所在又不得罪客戶。
- 不受個人說話技巧影響。

接下來，讓我進一步解釋其中的優勢所在。首先，是「突顯期待值的可視度」。如同我先前說過的，客戶下單時，看中的並非單純的商品或服務，而是參雜著期待與預測等情緒。

因此客戶在下單前，自然會猶豫不前或擔心風險。此時，其他的客戶案例宛如一顆定心丸，能發揮臨門一腳的威力。案例若是與客戶息息相關，成效更佳甚且事半功倍。

其次，是「點出問題所在又不得罪客戶」。這個優勢特別適用於與客戶開誠布公的討論，或者探討課題時的場景。

比如A客戶抱怨：「唉，我手上的業績計畫總是無法達標。」此時，業務員如果一針見血的直指問題所在，對方即便知道你無惡意，但難免讓人心生不悅。

然而，若能藉由其他公司的案例開啟話題，例如：「我沒記錯的話，B公司也有過這樣的困擾。」客戶反而容易接受，只要像這樣提出其他公司的例子，客戶便能放下面子與心防，坦承的說出心底話。

最後是「不受個人說話方式影響」，這一項優勢對於口才不佳的業務員來說，特別有用。

例如不擅長交際辭令（業務行銷的攻防話術）、反應不夠靈敏或是不知如何應答等，只須將客戶案例當成「銷售內容」，便能克服口拙的短處，滔滔不絕的說服客戶。

事實上，將案例視為銷售內容的做法，在每一個業務流程中都派得上用場。例如面對關係尚淺的客戶，可以不經意的提起競爭對手或類似的業界案例，在訪談中適時的列舉其他同業的案例，也能夠讓客戶卸下心防的說：「其實我們也正頭痛著呢……。」

當商談進入下單與否的最後環節時，具體的成功實例更能讓客戶興起，「如此看來，我們家也滿適用的」的想法，消除客戶的疑慮。

你可以事先準備例子，才不會發生被人牽著鼻子走的窘境。雖說優秀的業務員都懂得臨機應變，養成一種見人說人話、見鬼說鬼話的技能，不過，對於缺乏這種絕技的人而言，客戶案例也有相同效果，重點在於如何應用罷了。

既然客戶案例如此功效，我認為「案例的內容」將是今後業務銷售的勝負關鍵。各位不妨分類、彙整並收藏各種客戶案例，以便不時之需。

其中，**最能發揮效果的莫過於拜訪既有客戶，取得與商品相關的資訊。只要從客戶口中探聽出當初下單的目的、選購重點與實際應用情形等，便能將這些內容應用於開發新客戶，讓提案內容與解決對策更具說服力。**

不過，無須過分執著於商品的應用例子，凡是在客戶那裡得到的市場資訊，或足以作為談資的話題等，與行銷掛的上邊的都可以當成案例。因為這些資訊或話題都能拿來與客戶交談或訪談。

05 訂單百發百中的關鍵，系統化的案例分析

讀完前面的內容，或許有人會想：「做業務的，只要顧好業績就好，有必要在意這麼多事，給自己找麻煩？」老實說，有這種思維也不為過，說到底銷售就是誰的業績好，說話就大聲的世界。

問題是若從確保每一筆訂單都百發百中（確保生意成交）的角度來看，只憑直覺或運氣銷售商品，業績的達標與否似乎還有商榷的空間。因為，即便某個月的業績特別亮眼，那也不代表業務員的實力或功力，說不定就是瞎貓碰上死耗子罷了。而這種憑感覺賣東西的業務員，一遇到強勢的客戶或突發狀況，就不知如何應變。

然而，只要這些業務員做得出業績，即便平時吊兒郎當，主管頂多睜一隻眼閉一隻眼，不會有事沒事叫來指導一番或訓斥一頓。從中可以看出，他們都執著於「業績等同於業務能力」的迷思。

這足以說明，為何有些業務員明明表現亮眼，一旦跌入谷底，便一蹶不振。

我之所以撰寫本書，是想藉由我的經驗，分享百無一失的業務操控術。直白的說，就是**即便拿下一、兩筆訂單，如果缺乏一套科學根據的行銷手法，所謂的業績根本不值得一提。**

因此，我也不會用「即便業績不如人意，盡力了便好」之類的藉口敷衍各位，我想傳達的是：「每個業務流程都要盡心盡力，才能締造業績。」

例如，小林是一位競跑選手，在參加某屆東京馬拉松全程賽[1]時，以「刷新

1 譯註：馬拉松自列入奧運賽事起，全長賽程均在四十公里左右。直至一九〇八年第四屆倫敦奧運，原定溫莎堡（Windsor Castle）至白城市（White City）四十二公里的賽程中，因亞歷山德拉（Alexandra）皇后為利皇家兒孫參賽，硬將起跑點由原定之溫莎城堡拉進自家花園，於是多出一百九十五公尺。自此，四十二・一九五公里遂成為馬拉松之全程賽道標準。

自己的最佳紀錄」為目標。此時，小林的當務之急就是掌握體能或者氣候的變化、調查對手的狀態等，進行賽程管理。

何謂賽程管理？舉例而言，假設折返的時間比練習時晚個幾分鐘的話，小林必須及時修正跑步的速度，設法扳回一城。這就如同業務流程一般，唯有配合計畫與實際狀況調節跑步速度，才稱得上達成賽程管理。

以小林為例，在以刷新自己的最佳紀錄為參賽目標時，重點不是全程四十二．一九五公里，而該將注意力放在「十公里」或「折返點」等環節，以便隨時調整跑速。

以業務銷售而言，馬拉松選手的賽程管理等同於「行動管理」或「專案管理」的階段。行動管理指的是在商談至接單的準備期間，從終點反推各個中期目標的手法。

例如根據專案、商談、約訪或電訪的數量，設定中期的業績目標，並配合實際情況隨時調整。

專案管理絕非「接單或丟單」如此簡單，而是因應個案，研擬合適的行銷對策。例如確認業務銷售的處境、商談的資料是否齊備、客戶打槍時的回應或拿下訂單的殺手鐧等。**我們公司習慣從頭到尾拆解每一個業務流程，除了訂定執行計畫以外，還會針對可能發生的狀況（例如吃閉門羹等）研擬相應對策。**

我們就是透過這些事前的努力，才得以防患未然，讓業績成功達標。總而言之，**唯有掌控業務流程才能確保拿下所有訂單**，根據專案的性質，拆解各個業務流程，同時逐一調整成締造佳績的康莊大道。

第 2 章

頂尖業務都很重視的基本功

業務銷售是一個變化莫測的工作。以B2B（Business to Business，企業對企業）的商業模式而言，數位工具的行銷手法、行銷流程的分工制或線上商談都是目前的趨勢；以B2C（Business to Customer，企業對消費者）的商業模式來說，線上交易日漸普及，近年來甚至有人認為業務銷售已無用武之地。

那麼，是否可以由此類推B2B也毫無業務銷售介入的價值？例如敲一敲鍵盤，上網隨便搜尋一下，便能找到適合的解決方案？

至少就個人而言，我抱持質疑的態度。因為買方搜尋到的網頁，大多是賣方精心設計的結果，因此，買方極其可能陷入垃圾資訊裡而不自知。

問題是那些賣方的宣傳無非老王賣瓜，與業務員的花言巧語一樣讓人看得發慌，特別是在現今這個講究雙贏的時代，買方需要的是值得信賴的合作夥伴。那麼，在這瞬息萬變的時代中，業務員又該如何自處呢？

賽雷布利克斯曾做過一項調查，分析頂尖業務的作為與提案模式。結果顯示頂尖業務員與一般業務員的差異，就差在根本思維罷了。接下來，就讓我陪同各位一起探討頂尖業務的思維與習慣。

01 你的產品能解決客戶什麼問題？

在進入正文以前，讓我帶領各位測試一下業務員必備的適應力。假設下頁圖表2的辦公椅是你們公司當季的主推商品，不僅造型精美，同時兼備功能性。各位在客戶面前該怎麼推銷呢？

凡是腦海中浮現「日本打造，安全與品質均有保障」、「造型精美，榮獲設計獎」、「符合人體工學，坐久不會累，上班族的首選」或是「材質堅固耐久，不易損壞」等，從功能性或特色作為賣點的話，我必須很抱歉的說，全部不及格。

原因很簡單，以上的說詞只適用於「有意」購買的客戶，對於素未謀面的客戶而言，連業務員是圓是扁還搞不清楚，怎麼會對商品感興趣呢？因此，一上門就使

圖表2　推銷話術

- 國內材質與製造、安全與品質的雙重保障。
- 榮獲設計獎。
- 摩登造型，增添辦公室格調。
- 參照 5 萬人的試用心得，打造出符合人體工學的設計。
- 有助於矯正姿勢，集中注意力。
- 久坐不累，提高工作效率。
- 舒適感的評價高於其他廠家。

出渾身解數吹捧自家商品的做法，無非是業務員在唱獨腳戲罷了。

這就好比面對自己的心上人，你整天絮絮叨叨的炫耀自己多厲害一樣，這種往自己臉上貼金的人怎麼可能是萬人迷？

身處這個多變的時代，**業務員必須認清一個事實，那就是商品的需求與價值，完全取決於客戶。**「只要產品夠好就不愁沒有市場」的時代已經過去了，明明商品的外觀不是客戶考量的重點，卻一味吹噓造型多時髦，當然不受客戶青睞。

凡是無法抓準對方重視的要點，

即便是萬中選一的商品也無法打動客戶。

這麼簡單的道理其實無須我提醒，相信各位也心知肚明。問題是大部分的業務員，一旦見到客戶便不自覺的吹捧自家商品，同時還自我感覺良好的想：「哎呀，客戶去哪裡找像我這麼賣力的業務員啊。」

為了避免陷入自說自話，業務員必須清楚商品的功能或特色，與客戶心目中的價值其實是兩回事。換句話說，如同下頁圖表3所示，問題在於焦點的歧異。

功能、特色、優勢或功效等對於廠商來說，雖然是商品的價值所在，但對於客戶來說，所謂的價值是衡量下單的必要性，也就是從客戶本身的課題出發，因此商品價值會隨著客戶需求不同，而有所差異。

接下來，讓我們透過以下兩個句子，比較其中的差異。

- 今天推薦的商品（主詞）極其優秀。

↓從商品的功能、特色、優勢與功效推銷。

圖表3　商品資訊與客戶課題的焦點差異

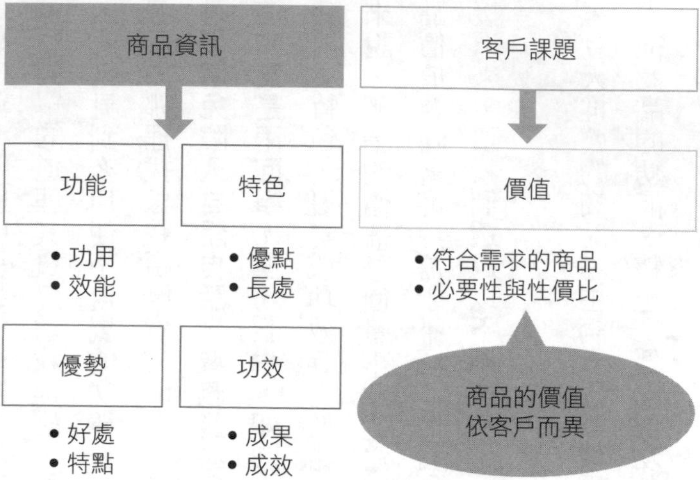

・有效的解決了客戶（主詞）的課題。

↓從客戶需求創造商品價值。

身為業務員若無法分辨兩者的差異，就只能繼續自說自話，絕對無法打動客戶的心。

02 客戶買了你的商品，能得到什麼好處？

站在「客戶的立場考量」的概念是業務員的準則，問題是知道歸知道，確實做到的人卻不多。基於業務員的天性，一見到客戶總是忍不住從自己的立場出發，賣力推銷。

然而，業務銷售的重點在於確認客戶的價值觀，同時，依此提出符合客戶需求的企劃案。因此，唯有從客戶的觀點出發，才可能貼近客戶的心意。

從客戶的角度出發，重點在於切換**買賣方的立場**，例如：

×：「我們家的就業媒合服務一推出就廣受市場好評。例如A公司或B公司等知名企業都是我們的忠實客戶。現在還有優惠活動，保證物超所值。」

○：「如果貴公司希望在三年後讓員工數翻倍的話，我覺得○○的策略勢在必行。那麼，我們家的就業媒合服務絕對是最佳選擇。」

誠如以上的範例，**推銷時應該思考的不是「怎麼賣出」，而是「（客戶）如何肯買」**。換句話說，不妨從購物專家的立場，提供客戶有效的建議。即便業務員的企劃案盡善盡美，買不買還是客戶說了算。

客戶之所以下單各有其理由，但歸根究柢無非是「對商品抱有期待」罷了。不論商品是否真如客戶預期的發揮功效或帶來效益，總而言之，客戶都是最大的受益者。

不過，話說回來，從客戶的角度出發的做法，並非迎合。業務員雖然應該站在客戶的角度思考，不代表不能有自己的立場，凡事必須以客戶為主。只要無法認清這一點，便無法拓展市場或開拓客源。

像是**習慣逢迎、拍馬屁的業務員，總是客戶說什麼就是什麼。時日久了，只**

能在老客戶那撈一撈訂單，問題是他們在客戶眼中，充其量就是下單窗口，絕非生意夥伴。

對於業務員而言，基本的應對進退雖然不可忘，但只要涉及客戶的利益也應該知無不言，言無不盡。

03 聽出對方的表面話和內心話

想成為頂尖業務，須宛如企管顧問般，具備「業務諮商」的意識。作為一名業務員只知道對客戶唯唯諾諾的話，你不妨跳過這一節，以免浪費時間。

話說回來，在開拓客源的階段，特別是推播式行銷，只透過訪談聽取客戶面臨的問題絕對無濟於事。因為對於無心交易的客戶而言，他們口中說得全是一些無關緊要的問題（這就是到頭來你接不了單的原因）。

總而言之，單從客戶釋出的資訊或隻字片語來看是不夠的，你即便死纏爛打，只要找不到讓客戶「亟需下單的理由」，不論過程中如何努力也終將功虧一簣。

依我為例，我在與客戶的互動中，對於他們的言談總是半信半疑，絕對不會全盤買單，其實並非我特意敷衍，而是**我會在聆聽的當下，同時在心裡畫下「問號」，思考對方話裡的真實性。**

試想商談時聽到的資訊或問題，難道這些是客戶日常所面對的問題？因為客戶口中說出的每一句話，不代表他們公司的立場，充其量就是客戶的主觀意識罷了。

在此情形下，業務員該如何定位自己的角色呢？簡單的說，就是在尚未接單以前，要以顧問的角度出發，提供業務諮詢。事實上，在所有業務型態中——特別是開發新客戶——總是在提供企劃案以前，便已分出勝負。

因此，如何讓客戶體認到他們所面臨的課題與業務員所提供的商品價值，便極為重要，而諮詢顧問的職責就是研究客戶的狀態，透過技巧性的詢問或引導，協助客戶發現或設定新的課題。

從以上的觀點不難發現，所謂的訪談並非單方面聆聽客戶的聲音，而是要化被動為主動，引導客戶「發掘」甚至「篩選」真正面臨的課題。

就某種層面而言，可透過業務銷售審視客戶的價值觀；同時根據對方的價值觀，結合相關資訊提供完善的解決方案。

回想起來，我頭一次感受業務銷售的魅力，也是從提供解決方案中獲得成就感。提案前的情報蒐集與事前準備，雖然說不上是了不起的商業手法，但確實讓我因此彙整出滿足客戶需求的解決方案。

由於這些事前的準備功課，客戶對於我的分析或提案總是點頭如搗蒜的說：「對對對，就是你說得這樣。」或者「嗯……經你這麼一說，好像也是。」等相當認同。此時，就像完成拼圖時的成就感一般，讓我不自覺的意興風發。

當然，世上沒有一蹴而就的事，所謂的課題也不是動動嘴皮子便能輕易鎖定的。我曾經在提供業務諮詢時，只知道賣弄專業知識，而引來客戶一頓痛罵：「你是什麼東西，在這裡跟我說三道四的！」

如今回想起來，也怪我當時太嫩了。因為任何的提醒或建議都應該顧及對方的感受，一旦犯了交淺言深的大忌，即便出發點再如何充滿善意，都只會引來反效果，這個慘痛的教訓讓我銘記至今。

進一步的說，業務員提供諮詢時的先決條件是，對自家商品或服務的基本情報與相關資訊了然於心。

這一點與銷售技能無關，只能憑藉個人努力背誦熟記。首先，**摸清楚商品的基本功能與特色，同時透過其他客戶的成功案例與應用心得，吸引客戶的興趣。**

如果你覺得讀完上述內容，仍不能理解為什麼得這麼辛苦的話，就表示你必須從頭學習業務銷售這堂課，因為你的銷售技能火候根本不夠。

建議各位不妨先放下本書，好好認識一下自家商品，因為連一份簡單的解決方案都提不出來的業務員，又如何找到商品的價值，更遑論提供業務諮詢呢？

04
內部人際關係好，好案子才會輪到你

有人曾說：「工作的回報就是工作本身。」這句話當真是至理名言。因此，我認為真正優秀的業務員手上盡是一些大案子。這與神祕學（Occult）無關，也不是精神（Spiritual）層面的問題。

說穿了，就是誰也不想搬磚頭砸自己的腳，有什麼案子自然會交代給可靠的同事。換句話說，**想要控制業務績效，便應該做好內部工作、建立口碑，以便爭取大案子（重要客戶）**。

業務銷售這一行或許給人單打獨鬥的印象，其實不然，**一位優秀的業務員，必須借力使力，懂得善用周邊資源。**

就我的經驗而言，所謂的內部資源該如何善用也是因人而異。例如扮演老大哥、老大姊，收服小嘍囉；耍萌賣乖的找主管或前輩當靠山；或是八面玲瓏，在哪個部門都吃得開等，不論選擇哪一種方式，「內部工作」都是影響業績成果的重要因素。

只不過，讓我無法理解的是，如此重要的業務技能卻鮮少人提起，甚至研習課程中也不受重視。

業務員當然是與客戶面對面接觸的領頭羊。然而，業務員之所以能在前線衝鋒陷陣，也缺少不了後勤的支援與合作。

有時即便交期或客戶開出的條件過苛，但為了業績，還是勉為其難的接單。此時，就是內部人脈發威的時候，一旦遇到需要救急的狀況，有沒有人跳出來相挺，絕對是接單的加分項。

近年來，企業盛行分工制。即便是簡單的案子都需要營銷人員、內勤業務（電訪或線上行銷）、業務支援部、倉管部或人力資源部的協助。

因此，**業務員必須認知，客戶的評價並非僅限於企業或業務員本身的表現，**

凡是與業務相關的後勤人員，都可能影響客戶的評價。

有鑑於此，那怕是客戶有所不滿的表露難色，業務員不該因此退縮，要鉅細靡遺的回報所有狀況。事實上，懂得回報狀況與習慣單槍匹馬的行事作風，也會讓同事的態度有一百八十度的轉變。

因為我就是血淋淋的例子。我就曾經因為不懂得回饋資訊，而被主管一日照三餐釘：「怎麼了，業績做得好就了不起？如果不是有其他人的協助，你能這麼風光？搞清楚，他們的業績都算在你頭上！沒有創造出三倍的產值，你就是個吃閒飯的！」

主管的一記當頭棒喝，時至現今仍然在我腦海中盤旋，我甚至認為這是所有業務員應該謹記的教訓。

而談到內部合作，自然免不了與主管的互動。不論部門大小，只要身為主管大多忙得團團轉，你平時懂得匯報進度或者諮詢的話，**一遇到商談或銷售策略上的難題，主管也能及時提供建議。對於業務員而言，「找對盟友」絕對是確保接單的一大優勢。**

直白的說，能夠接下大案子的都是受主管青睞的業務員，對於主管而言，確保案子不掉單的首要條件便是讓「強將」出馬。

反過來說，業務員平時應該細心做好內部工作，以便主管面臨抉擇時，自己是第一選擇。

05 你就是公司的品牌代言人

業務員在經營公司內部的人際關係時，也必須認知到，對外而言，自己就是企業與品牌的化身。

營造品牌的目的無外乎「包裝市場形象」，可以視為圈粉或競爭力的投資。然而，所謂的品牌形象並非賣方的自我感覺良好，說到底還是市場導向，凡是消費者說了算的硬道理。因此，即便砸錢大肆行銷或者宣傳，如果業務員在客戶面前的表現無法發揮品牌魅力，反而適得其反。

開拓客源靠的是群策群力，絕非單打獨鬥。除了打前鋒的業務員以外，還需要與設計團隊、推廣團隊、採購或後勤支援等其他部門的合作才可能攻城掠地。

這些團隊成員就如同馬拉松中的接力賽隊員。團隊成員從業務員手中接下接力帶的同時，便必須全力以赴，讓客戶充分感受品牌魅力，而不是因為自己的輕忽，影響業務員的表現或好感度。

不論是推播式或集客式銷售，只要是開拓客源的領域，就不太可能發生客戶指定你上門服務的好運。客戶只能憑藉業務員的電訪、電子郵件的回覆內容、訪談的態度等，也就是從業務員身上進行聯想或評斷該公司的水準。

試想每天忙到團團轉的客戶，好不容易抽個時間給新來的業務員一個表現的機會，沒想到上門的小夥子「介紹起自家商品，語氣平淡冷漠，說起話來毫無信心、拜訪時姍姍來遲、只知道攻擊競爭對手……」的話，各位做何感想？

我相信從此以後絕對是客戶的黑名單。然而，對於客戶而言，無論業務員是菜鳥還是老鳥、業務如何繁忙或者每個月業績是否掛零，一切都與他們無關，因為這些都是業務員本身的問題。

客戶特意撥出的商談時間不會因業務員而異，同樣的一個小時，當然要將效益極大化的放在優秀菁英身上。

業績壓力簡直是業務員的夢魘，相信不少人因此而失去自信，自怨自艾。人生在世雖然也有需要無知無畏、勇往直前的時候，但說來簡單，一旦遲遲無法接單或者業績總是吊尾，任誰都會心慌意亂、失去自信。

此時，無須勉強將自己當成無敵鐵金剛，倒不如換一種思維，將焦點轉移到自家公司或熱賣的商品，從中建立自信，為自己加油打氣。

事實上，凡是接得到單的商品就表示有市場行情。業務員該有的心理建設是，手上的商品（或服務的公司）既然有口皆碑，在客源的開拓方面是否成功，也不過是時間的問題罷了。

無論如何，作為公司的品牌代言人，業務員在客戶面前，要有身為「頂尖業務」（合作夥伴）的自覺，不忘隨時進修與升級。

06 「那我們就先這樣吧……」這句話害我被客戶罵

說話不算話或者虎頭蛇尾都是開拓客源時的禁忌，對於從未交易過的客戶而言，下單以前當然是會謹慎的再三思量。由此可知，若是無法獲得客戶的信賴，要怎麼讓客戶放下心防的下單？

不少業務員為了刷存在感，會死纏爛打的抓著客戶猛問，賣力的程度簡直可以去吉本興業[2]混口飯吃了。問題是這些人就是搞不清楚狀況，討人厭了還不自知。

關於此點，我們公司曾經針對「業務員的NG言行」做過一項調查，內容如

2 是日本的大型藝人經紀公司、電視節目製作公司。在搞笑藝人的經營管理方面，有壓倒性的優勢。

左頁的圖表4所示。各位不妨自我檢視與提醒。

話說回來，怎麼做才能讓素未謀面的客戶信賴自己呢？此時切忌躁進，**應該從建立自己的「信用」開始**。

多數人認為信用與信賴相差無幾，事實上，是完全不同的兩個概念。信用就好比申辦信用卡時，銀行針對申辦人過往的紀錄或行為所做的信用評分，看中的是業務員「日常的一言一行」，也就是實際狀況；信賴則是來自於業務員的信用度或實績，讓人放心將工作交付給他。此時客戶看的已經不是業務員的一言一行，而是這個人靠不靠得住。

業務員雖然都知道贏得客戶信賴的重要性，然而，面對從未交易過的客戶若想取得他們的信賴，還是該從言行一致或避免輕諾寡信做起（詳見第六十八頁圖表5）。

關於如何建立信用，留待本書後面詳細說明。但各位必須牢記信用宛若聚沙成塔，過程艱辛卻能毀於轉手之間。

其實，我就是深受其害者。記得有一次，我去客戶那裡討論事情，當時不

圖表4 業務員的NG言行檢核表

減分言行
☑ 服裝儀容不及格、態度不夠誠懇。
☑ 閒聊內容不知分際、涉及隱私。
☑ 自說自話，忽略對方感受。
☑ 言詞含糊，訪談方式不得要領。
☑ 準備不足（廢話連篇）。
☑ 毫無反應（有聽沒有到）。
☑ 不懂得適時回應，總是慢半拍。
☑ 未能及時匯報、聯絡與諮詢或資訊失誤。
☑ 習慣打馬虎眼或找藉口。
☑ 站在自己的角度思考，忽略客戶的立場。
☑ 欠缺商品或案例的基本資訊。
☑ 欠缺法律或資安意識。
☑ 同樣的錯誤一犯再犯。

禁忌言行
☑ 違反社會倫理或規範等行為。
☑ 輕諾寡信。
☑ 出爾反爾。
☑ 慣於說謊或敷衍。
☑ 虎頭蛇尾、半途而廢。
☑ 輕易洩漏其他公司的機密。
☑ 缺乏時間意識（商談、交期或截止日期）。
☑ 面對年輕的客戶倚老賣老、態度傲慢。
☑ 報錯價或誤植客戶的公司名稱等。
☑ 未能妥善管理客戶的出借物品或分發資料。
☑ 詆毀自家公司或商品的言行。
☑ 詆毀競爭對手或商品的言行。
☑ 不擅長交際或接不上話。

圖表5　建立信用才能贏得信賴

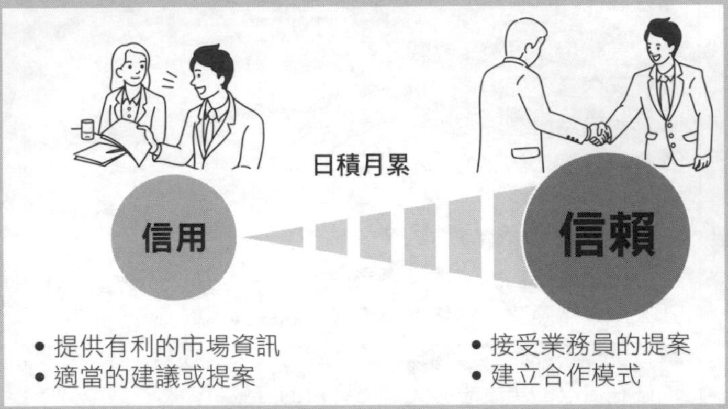

信用：來自於過往的實績或一言一行，傾向於眼見為憑。
信賴：對於未來的行為或可能性的研判，也就是心理層面的主觀意識。

過隨口說了一句：「那我們就先這樣吧……。」沒想到無心的一句話，惹來客戶的不快：「什麼叫先這樣？如果你們做事情都是這樣可有可無的話，那就談不下去了。」當下真的是窘得我恨不得找個地洞進去。

透過這個經驗讓我充分體認到「說者無心，聽者有意」的道理。業務員若不能謹言慎行，什麼時候惹毛客戶都不自知。

不論是業務菜鳥或老兵

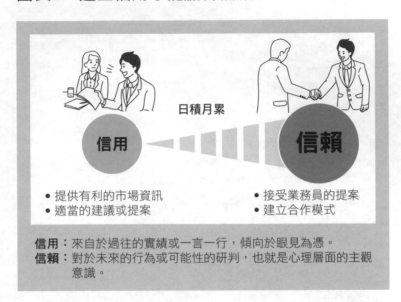

都應該牢記信賴來自於信用的道理。尤其是在我除了幫客戶行銷以外，也身兼買方的身分與其他業者談生意時，更是感同身受。買賣立場的互換，讓我發現不少業務員都有口無遮攔的毛病。

07 第一印象好的人，就算犯錯也會被原諒

形象包裝是溝通策略的一環。然而，大多數的人都忽視這個寶貴的道理，特別是不懂得透過形象包裝為自己加分。

說來諷刺，與剛入行的菜鳥相比，中生代或資深業務員的情況最為明顯，那是因為他們在銷售這一行打滾了幾年，有了經驗以後便自以為是。行為科學中有一個專有名詞「認知偏誤」（cognitive bias），指根據個人常識或周遭環境等主觀因素，產生不合理性的研判。

以業務銷售而言，倘若業務員動不動就講「或許」、「嗯……」或者「基本上」等曖昧又看似敷衍的說詞，客戶做何感想呢？相信「輕浮」這兩個字就是客

戶的第一印象，之後不論業務員的企劃案再完善，客戶也就是冷眼看淡，絲毫不放在心上。

其他像是彩色浴效應（color bath）也是類似的道理。所謂的彩色浴效應指的是，當關注某件事物時，放眼所及必然是相關資訊。

簡單來說，當我們對某個人很感冒時，看那個人的所做所為都不順眼。反過來說，**如果我們一開始就懂得注意包裝，給旁人留下一個好印象，那麼即便不小心說錯話或有些小缺失，也會被輕輕放過。**

經過以上的解說，不知各位可曾設想過，自己在客戶的眼中，展現什麼形象（不論是面對面或視訊）？在整場商談中是否始終不卑不亢、微笑以對呢？以我的狀況來說，我一定要鍛鍊臉部肌肉，才能一直保持微笑。所謂的形象包裝說穿了就是外界對你的觀感，換句話說，就是將自己最好的一面呈現在對方眼前。

對於業務員而言，形象包裝說是營造自我品牌也不為過。在生意場合的應對進退中，更應該打理好自己的形象（參考下頁圖表6），以免自毀長城。

圖表6　形象包裝的注意事項

面對面行銷
☑ 態度誠懇、笑容可掬。
☑ 注意儀容、避免標新立異。
☑整潔的服飾（西裝是否熨燙、領帶是否歪斜或皮鞋是否潔淨等）。
☑ 抬頭挺胸、行動敏捷，注意交換名片的禮節。
☑ 配合時間、地點、場合，調整說話聲量。
☑ 展信自信、可靠的印象。
☑ 行事按部就班、不急躁。

視訊行銷
☑ 髮型乾淨俐落且髮色不染各種顏色。
☑ 配合視線，調整鏡頭高度。
☑ 選用高性能鏡頭，避免使用誇張濾鏡。
☑ 選用音質清晰的麥克風。
☑ 避免服裝與背景同一色調。
☑ 上線後，直視鏡頭問候寒暄。
☑ 遲到時，抓準時機致歉簽到。
☑ 他人發言時，亦不忘維持笑容。
☑ 適時回應，避免冷場。
☑ 提到公司名號等相關資訊。

配合臉部，調整鏡頭的距離與位置。

臉部距離過近，容易造成壓迫感。

臉部也不宜過偏。

鏡頭位置適中。

鏡頭位置偏低。

第一印象就是首次印入眼簾的觀感，既然稱為第一印象，同樣的機會自然不可能再來一次。形象的包裝雖然在於日常的微小努力，但做與不做，會讓業務員與客戶的溝通產生天南地北的差異。

08 頂尖業務會設定高目標業績

能夠稱得上優秀業務的，除了案子的品質佳以外，數量也絕對是不遑多讓。他們抱持「量大於質」的信念，努力彙整工作案例，以便截長補短，調整自己的工作模式。

話說回來，頂尖業務們執著的案子量並非隨口說說而已，而是基於假設與根據，特意增加案子數量，同時透過業務銷售與獨特技法反覆測試與確認。

我們公司經營了一個讓頂尖業務員分享銷售經驗的線上平臺「Sales Ship」，從平臺中的訪談內容可以得知，厲害的業務員不會局限於公司訂定的目標，而是自創一套嚴苛標準，以便有突出的表現。同時，訂定具體行動以便實現遠大的抱負。

於是，龐大的業務量讓他們習以為常，也不會因而排斥或退卻。**對於頂尖業務而言，滿檔的業務量天經地義**，這就好比運動員時常掛在嘴上的「所謂基本功就是天天做、日日做，同時貫徹到底」同樣道理。

如果代入公式計算的話，更能突顯業務量的重要性。公式如下：

- 每個月平均上班天數以二十日計算的話，每日只須多打上十通電話，一個月兩百通×十二個月＝每年增加兩千四百通的電訪數。

↓三年下來便能累積七千兩百通電訪，以訪談成功率三％計算，表示三年增加兩百一十六件的訪談商機。

↓以下單率為二〇％計算，新增的兩百一十六件訪談商機，將帶來四十三筆訂單。

↓每筆訂單設為三百萬日圓，四十三筆訂單×三百萬日圓，等於創造出一億兩千九百萬日圓的業績。

每日上班時數以七個小時計算的話，一天增加十通電訪等於一個小時多打兩通電話，只要有心，挪出這麼一點時間並非難事。

雖然以上的舉例過於理想，但我想表達的道理是積少成多，靠著一個小時多打兩通電話，締造一億日圓以上業績絕非天方夜譚，而頂尖業務與一般業務的差別就在於「比別人多跑一步的堅持與執念」。

09 你約訪的客戶有決策權嗎？

凡是優秀的業務員必定清楚，訪談時切入正題的時間長短與接單的機率成正比。對他們而言，工作的先後順序或時間安排全憑「是否獨立作業」、「是否需要支援」或「客戶的牽涉深淺」等進行全盤考量。

接下來，讓我分享上一節提到的「Sales Ship」平臺中的採訪內容：那是在以推廣業務聞名的賽富時[3]（Salesforce）公司任職，同時曾經勇奪「年度銷售額全球第一」的大澤篤志[4]分享如何鎖定拜訪對象。

3 由馬克．貝尼奧夫（Marc Benioff）於一九九九年創立於美國舊金山，是全球首屈一指的客戶關係管理平臺。

其中，讓我印象最深刻的是，當他被問及：「您在推動業務時，有什麼堅持或在意的重點嗎？」時，他回答：「主管，我的拜訪對象永遠只有主管。**與其找底層員工聽他們抱怨，倒不如將時間花在主管身上，反而能獲得更多資訊，提高成交的機率。**」

只要想在商界做出一番成績，絕對會有各自的挑戰與課題。因此，從高階主管身上下手才能對症下藥，提出吸睛的經營方案。」

大澤篤志所謂的吸睛，指的是「重要性」與「急迫性」。這也是開拓客源時，讓客戶改變心意、扭轉乾坤的殺手鐧。

從以上訪談中不難發現，頂尖業務從來不在乎約不約得到客戶，他們在意的是自己想見或應該拜訪的對象。他們不會隨隨便便找一個人搪塞，因為上門拜訪的目的，是拿下訂單，或更進一步成為客戶心中排憂解難的合作伙伴。

以集客型的直效行銷為例，客戶大多有自己的採購計畫或專案。也就是說經營團隊的想法與基層的主管無異，因此無須想方設法越級接洽（但也應該適時了解客戶在意的課題或商品引進後的事業藍圖等，以便提出最佳方案）。

反過來說，推播型的客源開拓因為門檻較高，因此**應該鎖定握有決定權的高階主管或部門主管，以便掌握經營團隊心目中的課題。**

這個類型的企業大多沒有採購計畫或預算的限制，直白的說，如果接洽的對象與編訂預算無關或者無插手的權力，這筆生意就談不下去。因此，對於從未交易過的客戶而言，勝負成敗的關鍵，在於掌握拍板者或決策者心中的想法與課題。

4　二〇一五年入職，雖無業務經驗卻順利從內勤轉入外勤。第一年便創下新創事業營業部門年度銷售額全球冠軍的佳績。之後轉任企業營業部，連續兩年的年度目標均達標兩倍以上。現任賽富時日本分公司企業營業第二總部第四營業部部長。

10 蒐集每一個不買的理由

俗話說計畫趕不上變化，即便是再縝密的策略或計畫總有百密一疏、功虧一簣的時候，而最有效的防範方法就是在業務流程中，透過不斷且快速的行動、分析與執行，修正銷售模式。

請容我再嘮叨一次，計畫永遠趕不上變化。即便像是賽雷布利克斯這般，經手商品高達一萬兩千項以上，承辦的業務代銷或事業規畫不計其數的公司，在推廣名單或推銷文案上也難免增刪，再三考量。

那是因為影響商品的外在因素瞬息萬變，客戶也有各自不同的需求。總而言之，對於業務員來說，存在太多無法掌控的變數。

更讓人氣餒的是，即便使出渾身解數，總有那麼一群不買單的客戶。遇到這種磨破你嘴皮都不肯下單的客戶，不妨調整心態從蒐集市場資訊的觀點著手。例如直接說：「您覺得我提議的這個方案如何？」或者「您覺得什麼樣的提案，比較適合貴公司呢？」之類的。

如此一來，**即使做不成生意，也能透過客戶的回覆，了解吃閉門羹的徵兆或者生意談不攏的理由，藉此作為今後業務推廣時的參考**，不錯失每一筆訂單。正確來說**蒐集掉單的原因，才是業務員該做的功課**。

如同我前面說過的，業務銷售可以視為審視客戶其價值觀的方式。因為透過面對面訪談，有大好的機會溝通，掌握第一手資料。

總而言之，不管生意是否成功，我們都應該將每一位客戶當成財神爺來對待，說不定哪天就因此發掘出一座金礦。然而，大多數的業務員卻永遠不懂得這個道理，只看重眼前的訂單，總想著讓客戶回心轉意。

事實上，就算拿不下訂單天也不會塌下來。任何事情都應該正面看待，從失敗中找出勝利方程式。

第 3 章

比努力更重要的事：找對客戶

無論業務員的銷售技能（善於訪談或提案）再高超，只要約不到客戶或找錯對象，即便是英雄也毫無用武之處。

業務員再怎麼能言善道，總有吃閉門羹的時候，重點在於找出有需求的客戶，換句話說，就是開發潛在客戶，**唯有抓準時機與針對客戶的需求推廣業務，才有接單的可能。**

而更新目標客戶的名單是每位業務員該做的日常功課。花費一百個小時篩選客戶名單是投資；花費一千個小時汲汲營營的搞錯方向則是白費功夫。

總而言之，業務銷售不應該橫衝直撞，而是要縝密思量。如此一來，編列出來的客戶名單才是你自己的。

01 客戶居家上班，如何製造訪談機會

自從二〇二〇年新冠肺炎疫情爆發以來，便一發不可收拾，世界各國幾乎無一倖免。在嚴峻的外在環境下，讓客源開拓的推廣模式面臨前所未有的挑戰。

例如過去開發新客戶時，必備的電話約訪或上門拜訪等銷售手法，都因為此次的疫情而有實質上的難度（政府的嚴禁或自主性約束）。

下頁的圖表7是賽雷布利克斯針對新冠肺炎疫情爆發以來，所做的業界影響調查。

根據圖表7的數據不難發現，在新冠肺炎的衝擊下，絕大多數的企業為了挽救流失的既有訂單，不得不開拓市場，尋找新客戶以便維持公司營運。

圖表7　新冠肺炎疫情對於公司營運狀況的影響

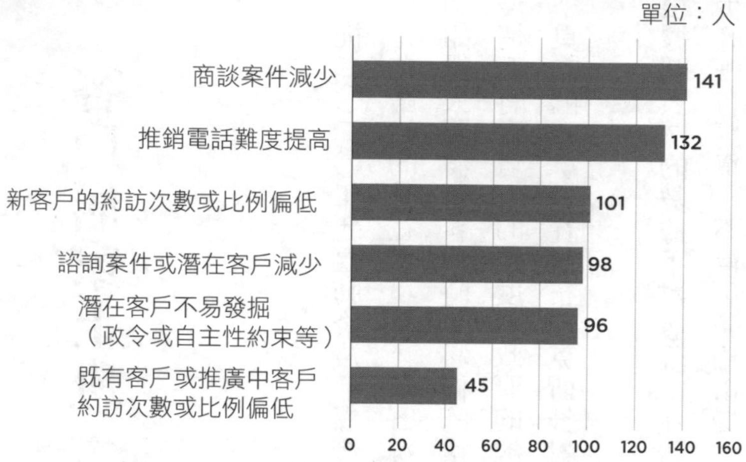
單位：人
商談案件減少
141
推銷電話難度提高
132
新客戶的約訪次數或比例偏低
101
諮詢案件或潛在客戶減少
98
潛在客戶不易發掘
（政令或自主性約束等）
96
既有客戶或推廣中客戶
約訪次數或比例偏低
45
0
20
40
60
80
100
120
140
160

＊賽雷布利克斯之企業實況調查（受訪對象為 400 名業務從業人員，含複數作答）。

問題是，要開發新客源也遇到瓶頸，因疫情屢高不下，讓約訪難上加難，其中苦楚相信無須我多加解釋，各位必然感同身受。在新冠肺炎的肆虐下，徹底顛覆原有的工作型態，各個公司行號不得不改為居家辦公、遠距辦公或者分流上班等，配合政令。

於是，電話再怎麼打也聯絡不到相關窗口，更何況是專責的主管呢？

除此之外，由於居家辦公逐漸形成趨勢，不少公司甚至委託業者代接電話。如此一來，讓原本靠電話行銷的業務推廣更是難以實行。

對於任何靠接單吃飯的公司而言，「約不約得上客戶」等同生死存亡的問題。試想連客戶都見不到的話，還能奢求訂單嗎？對於業務員來說，是何等的精神折磨。

話說回來，**我們也無須杞人憂天**，自己嚇自己。**因為客戶也得開門做生意，**怎麼可能沒有下單的需求呢？**唯一發生變化的，無非是客戶下單的決定流程，或者買賣雙方的接洽方式罷了。**

本章節將針對在這個接觸不到或者不方便接觸客戶的時代中，教讀者如何技巧性的接觸客戶或者製造訪談機會。

正確來說，當其他業務員因為大環境的變化而不知所措時，懂得另闢蹊徑或脫困的業務員才能夠一路領先，做出亮眼的成績。

02 賣給對的人，比銷售力更重要

接下來分享的內容相當重要，請各位務必仔細閱讀。

客源的開發績效不在於業務能力，而是在於擁有發掘潛在客戶的偵測力，與其花時間學習推銷話術等行銷技巧，倒不如多費一點心力更新目標客戶名單。

如果業務型態分為內勤（電話行銷）與外勤（上門訪談）的話，更應該如同兩人三腳的競技遊戲般，相互配合與合作。不容否認的是，只要運用得宜，還是可能讓客戶改變心意，成功拿下訂單。

然而，這樣皆大歡喜的結果，終歸不是常態，例如開發新客戶就不是這麼一回事，幾乎十筆生意有九筆半，以無疾而終收場。因此，**確認客戶需求或者發掘**

潛在客戶，才是業務銷售的重點所在。

所謂**潛在客戶指的是需求度高的客戶。**試想三五好友相約垂釣的話，怎麼樣才能滿載而歸呢？一般來說，不外乎準備魚餌、一支好的釣桿或磨練垂釣技術等，這些條件雖然都缺一不可，但更重要的是，找一個魚兒容易上鉤的漁場（魚群）。這就好比去魚塭釣魚的話，不是簡單很多？

我經手過的業務代銷或企管諮詢，加起來少說也有上百個案子。接下來，就讓我用其中一個案例，說明發掘潛在客戶的重要性。

我曾經接過一個案子，這家公司（暫且稱甲公司）專門做器材檢測（如損傷或異材混入），公司成立五十多年，技術與口碑都不錯，算得上是業界的老字號公司。

後來，跨足保安領域以後就失去原來的優勢，幸好他們靠著原有的檢測技術，研發出一套跌破業界眼鏡的門禁系統，凡是在兩公尺以內進出或走動都監控的一清二楚。

即便是金融中心等不特定多數人出入的場所，只要一刷門禁卡，電腦系統便開啟門鎖，並且留下通行紀錄。一旦強行通過，系統會立即發出警告同時上鎖。

遺憾的是，這麼厲害的系統卻一直乏人問津，其中最大的癥結點就是，沒有找對客戶。

他們對於目標客戶的需求或預設過於一廂情願，打出去的電話總是沒有回音，客戶不是說：「喔，謝謝，暫時不需要」、「嗯，我們這裡用不著」，不然就是「不用了，我們有保全公司」，連上門遞張名片的機會都沒有。

即便好不容易上門拜訪，業務員也未能珍惜機會，從客戶口中探聽出當下的需求或者實際狀況。於是，所謂的目標客戶或名單完全派不上用場，到頭來總是虎頭蛇尾的草草結束。

當甲公司來找我諮詢時，**我的第一招就是找出潛在客戶**。該公司當時預設的客戶是倉庫、醫院或製造工廠等，不特定又多數人出入的場所。然而，卻因為沒有強調門禁系統的重要性與急迫性，導致行銷策略前功盡棄。

當我將重點放在外在環境與輿論焦點時，發現異物混雜的話題正在食品業炒得沸沸揚揚，異物混雜的危險性除了牽涉製造過程中的疏漏或管理不當以外，還有一大部分是惡意的人為因素。

因此，我便從管控閒雜人等進出的觀點，結合食安問題的話題性，研擬新的行銷策略。當我將目標鎖定食品業以後，客戶無不對食品安全的課題產生共鳴，於是客戶對食安的其他疑慮紛紛浮出水面。

我們也因此蒐集到各家公司在面對食品安全的課題時，遇到的狀況或不足之處等，第一手資料與市場行情。自此以後，業務推動簡直一帆風順，輕鬆許多。

一般說來，推播式行銷的客源開發，能成功約訪的比例大約是電訪數（指打電話的次數）的二%到三%。或許是我的策略奏效，當時電訪的成功率居然超過一〇%，其中，只要能跟部門主管說上話，拜訪率更高達五〇%以上。

透過以上的小故事，各位是否體會出鎖定目標的必要性呢？只要讓客戶充分理解，發掘客戶真正的需求，不論是透過電話、電子郵件，甚且書信往來都可以吸引客戶的興趣與關注。

同時，發掘潛在客戶的深層涵義對於業務員來說，等於永無止境的終極目標。一旦大環境有所變化，目標客戶的優先順位當然不能一成不動。更何況倘若競爭企業強化業務制度或商品的話，更應該調整目標客戶名單的篩選標準，以便後續因應。

03 有效的目標客戶名單，具備這四點

新客戶的成交機制（或說是架構）其實與篩選名單息息相關。我必須不客氣的說：「若隨便找個阿貓阿狗當作目標客戶，就別想開發出新客戶。」

近年來，市面上出現各種客戶名單的篩選工具，好像只要輸入資料便能創造百萬業績似的。老實說，背後的行銷策略也不難理解，這就如同江湖中的葵花寶典，誰搶在手裡就是武林至尊。

問題是目標客戶名單畢竟不是葵花寶典，必須隨時調整、與時俱進。換句話說，就是**定期檢討與增刪，確保名單的時效性。**

一份有效的目標客戶名單，至少要必須具備下頁圖表8中的四大要素，這才

圖表8　目標客戶名單必備的四大要素

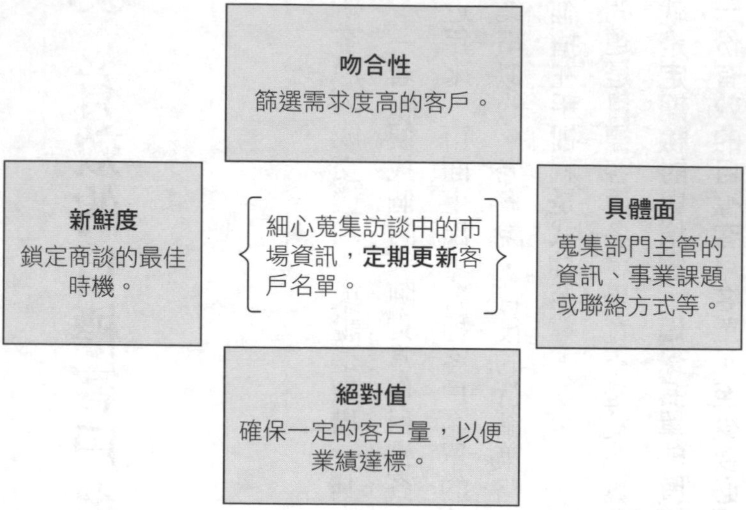
吻合性
篩選需求度高的客戶。
新鮮度
鎖定商談的最佳時機。
細心蒐集訪談中的市場資訊，定期更新客戶名單。
具體面
蒐集部門主管的資訊、事業課題或聯絡方式等。
絕對值
確保一定的客戶量，以便業績達標。

是開發新客戶時，拿下訂單的關鍵所在。

接下來，讓我們進一步探究這四大要素的內容。

●吻合性

所謂的精準度是指（買方心中的）客戶需求與（賣方提供的）商品價值的吻合指標。直白的說，就是篩選出有意願成交的客戶。

企業屬性大多是業務員篩選目標客戶時的第一考量。事實上，客戶的企業規模、行業別或者資本額，連官方網站都有許多蛛絲馬跡值得參考，只要懂得善加應用也不失為一種篩選方法。

然而，你如果更具野心的想鎖定高端客戶群的話，不妨從下單動機去反推客戶需求。

比方說人力銀行的業務員，明明鎖定有意擴展員工規模，或者提升員工滿意度的企業，在篩選客戶名單時，卻搞不清方向的從行業別、地域或企業規模等，胡亂挑選一通。結果就是亂槍打鳥，連同沒有聘僱意願的公司都網羅進來，搞得一團糟。

如果是我的話，第一步就是點進求職留言板，看一看新鮮人或在職人士對於各家企業的風評，接著再從「薪資」與「公司文化」的項目中，篩選合適的目標客戶名單。

除此之外，還可以參考政府或地方機關舉辦的**「工作方式改革競賽」，將得獎的前幾名企業列入選項**。換句話說，就是透過事實佐證，確認企業對於改善工作方式或提升從業員滿意度的努力以後，進一步設定客戶的需求。

另一方面，**即便客戶有下單的需求，但凡自家的商品或服務無法因應，就不應該是名單的對象**（這個概念相當重要，簡直可以列為業務員能力檢定的考題）。

比方說，小陳手上的商品或服務適用於「員工一百名以上，有意增聘的中大型企業」。試想如果連二十人都不到的小公司都選出來的話，即便抓對客戶的問題點或者需求，仍可能因為搞錯對象而做白工，還怎麼希求訂單呢？

從以上的案例可知，唯有針對薪資、公司文化，加上符合自家商品能因應的對象，才能提高客戶需求與自家商品價值的吻合性。

然而，從客戶需求面出發的篩選方法也有人批評缺乏效率，因為，若想從企業或地域屬性進行分析的話，又得花費時間與人力重新調查。

不過，如果篩選出來的客戶名單真的搞錯方向，那所有打出的電話或者發出的電子郵件等同白費功夫。同樣的時間概念，花一百個小時篩選客戶名單可以視為一項投資，但花一千個小時在沒有希望的客戶身上無疑就是浪費。

由此可知，唯有鎖定有需求的客戶，才能讓貼客戶冷屁股或吃閉門羹等不該發生的失誤率降至最低，才有可能發揮銷售績效，成功簽約。

● 新鮮度

大家常說珍饈美味取決於新鮮食材，業務銷售也是同樣的道理。就如同廚師執著於當季食材的鮮度一般，業務員也應該看準客戶的下單時機，才能締造亮眼的業績。

而**目標客戶名單的新鮮度在於**，**隨時更新客戶的最佳狀況與當下的狀態**。換句話說，就是透過接觸點（touchpoint）或市場資訊等，隨時更新客戶名單的一種作業流程。

問題是實務面又該如何操作？比方說客戶名單中有一位陳曉明經理，是賽雷布利克斯的總務兼人力資源部主管，後來因為人事調動而走馬換將。此時，如果讓陳經理繼續掛在名單上，這筆客戶資訊等於失真，稱不上符合現況。

又好比，賽雷布利克斯恰巧在此時成立工作方式改革委員會的話，難道對於業務的推廣方向不會有任何影響嗎？倘若業務員手上的商品符合改革訴求的話，接觸的對象難道繼續鎖定總務或人事部門，而不是工作方式改革委員會？

從另外一個層面來看，工作方式改革委員會的成立，也可以視為該公司投資

圖表9　隨時更新客戶名單資訊

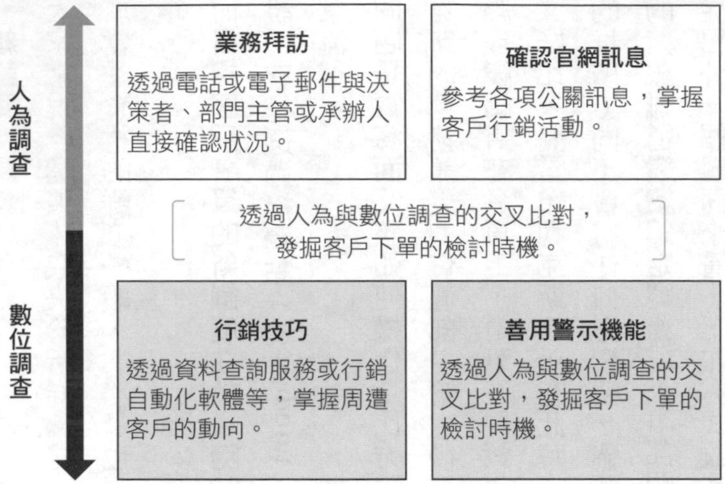
人為調查
數位調查
業務拜訪
透過電話或電子郵件與決策者、部門主管或承辦人直接確認狀況。
確認官網訊息
參考各項公關訊息，掌握客戶行銷活動。
透過人為與數位調查的交叉比對，發掘客戶下單的檢討時機。
行銷技巧
透過資料查詢服務或行銷自動化軟體等，掌握周遭客戶的動向。
善用警示機能
透過人為與數位調查的交叉比對，發掘客戶下單的檢討時機。

的時機點，這代表客戶意識到課題的重要性與急迫性，因此只要對症下藥，任何企劃案都可輕易過關。

而追蹤客戶最佳狀況的重點在於，調查在何等情況或時機下，客戶最有可能下單，同時留檔備查。

實際操作流程基本上如同圖表9所示。

相信各位都有這樣的經驗，好不容易打通了電話，卻被客戶一句話堵死：「你說的那個商品啊，我們才剛續約，明年再說吧。」

這個時候怎麼辦？摸摸鼻子的掛上電話嗎？當然不是！此時反而

應該從客戶口中套出有用的資訊，例如：「是嗎？那請問貴公司下次什麼時候續約？」、「貴公司都是幾月開始討論續約事宜呢？」或者「您覺得什麼情況下，才可能考慮換一家廠商？」等。

如此一來，即便是被客戶一口拒絕，也能從中探聽出推廣業務的最佳時機。

於是，賽雷布利克斯便從客戶下單的檢討時機與理由等行銷線索，發展出一套商機線索的追蹤系統。商機線索指的是探索客戶下單時機的蛛絲馬跡。

對於客源開拓的領域而言，懂得善用商機線索技巧的人才能搶得先機，因為目標客戶名單中的商機線索越多，越能配合企業的時機推廣業務。這就是發掘潛在客戶的偵測力遠比業務能力來的重要的緣故。

總而言之，**生意的成交與否完全取決於時機的掌控**。

● **具體面**

具體面指的是情報量的多寡或內容是否符合商機的線索需求。

例如，在目標客戶名單上簡單的記錄：陳曉明經理，人力資源部主管，電話

0 2-○○○○-○○○○」，就是不夠具體的資料。

那麼，什麼樣的線索才能稱的上具體呢？

例如，在名單上詳細記載：「工作方式改革方案負責人——事業推廣部第一課陳曉明經理。電話 0 2-○○○○-○○○○，電郵信箱 XXXX@○○○○，網路留言板企業口碑評比三・五分、薪資評比四分、公司文化評比三・九分、人力資源網上長年刊登求才廣告、二○一九年中小企業求職人氣排行榜第三名……。」等才算及格。

相信無須多加解釋，兩者的資訊量與具體面立判高下。目標客戶的企業規模越大，接洽的對象往往是商談進度或簽約的關鍵所在。

此時若不能從相關部門、課組、決策者（決策階段的拍板者）或部門主管（發言權或主導權）切入，找出接洽對象的話，任憑如何努力也是白費功夫。

此時，有效的線索包含名單來源（資料出處）、企業名稱、聯絡方式（總機、直播電話、電子信箱）、事業概況、營業項目、部門主管資訊、分類訊息（企業屬性、地域屬性、下單動機、市場情報）與事業課題等。

有鑑於企業的營運方針，可能因主管單位或承辦人員而有不同的需求或課題。此時的線索更應該詳加細分並分別記載。

所謂推播式的客源開發，絕非將每一家客戶（線索）寄託在一通電話、一封電郵或書信上了事。正因推播式行銷的成功率不高，因此更該經常對客戶噓寒問暖，摸清客戶的脾性，以利抓準時機再次上門推銷才是業務員必須養成的習慣。

總而言之，開發客戶的重點在於，要儘早針對目標名單，蒐集詳細且具體的資訊。其中，最要不得的行為無非是聯絡客戶前，才上網瀏覽客戶的官方網站。

即便是今天客戶不在，隔天再次聯絡時，也不應該點進客戶方的公司官網，因為只要目標客戶的資料夠具體，何須動不動上網確認？更何況在第一次接觸客戶時，你應該早就瀏覽過客戶方的公司官網，當時將相關資訊輸入名單即可，不是嗎？要注意的是，隔一段時間未曾接觸的客戶，則有必要上網確認客戶的最新動態並且更新資訊。

●絕對值

最後一項要素是絕對值，也就是名單上的客戶量是否足夠支撐業績目標的衡量標準，或許讀者心裡不以為然的想：「這還用說嗎？」卻不知這可是許多業務員的盲點，而這些業務員最容易抱怨目標客戶太少，所以業績總是無法達標。

那麼，如果我問目標客戶該有幾家才夠呢？不知各位可否立即回答。對於我的提問毫無概念的人，就宛如潛水般，撲通一聲跳入大海，卻不清楚自己攜帶的氧氣瓶能支撐自己多久一樣。

雖然企業、商品及其特性（滿足不特定客戶或限定目標的商品）等都可能是其中的變數。然而，只要清楚計算公式，業務計畫規畫起來便事半功倍。

接下來，讓我們看一看如何計算目標名單的客戶數。首先，請各位參閱左頁的圖表10。圖中的推算方法基本上適用於推播式的客源開發中，篩選不特定多數的目標客戶。

這是因為，若以大型企業為目標，業界也就那麼幾家，客戶量自然不會太多，而且，電訪數之類的指標大多無法參考，因此不適用於以上的計算公式。

圖表10　目標名單基本客戶數的計算方法

① 業績目標÷接單金額＝基本訂單件數

範例：業績目標 1 億日圓 ÷ 接單金額 1 千萬日圓＝ 10 件訂單

↓

② 基本訂單件數÷接單率＝基本專案數（有效商談數）

範例：10 件訂單 ÷ 接單率 60%（0.6）＝17 筆專案（四捨五入）

＊建議將接單率設為 60%

↓

③ 基本專案數÷專案商談率＝基本商談數

範例：17 筆專案 ÷ 專案商談率 30%（0.3）＝ 57 筆商談（四捨五入）

＊建議將專案率設為 30%

↓

④ 基本商談數÷客戶約訪率＝基本約訪單數

範例：57 筆商談 ÷ 客戶約訪率 90%（0.9）＝ 64 筆約訪單（四捨五入）

＊建議將約訪率設為 90%

↓

⑤ 基本約訪單數÷約訪接洽率＝基本接洽數

範例：64 筆約訪單 ÷ 約訪接洽率 15%（0.15）＝ 427 次接洽（四捨五入）

＊建議將接觸率設為 15%

↓

⑥ 基本接洽數÷接洽率＝基本電訪數

範例：427 次接洽 ÷ 接洽率 15%（0.15）＝ 2847 通電話（四捨五入）

＊建議將接洽觸設為 15%

↓

⑦ 基本電訪數÷平均撥打數＝基本客戶數

範例：2847 通電話 ÷ 平均撥打 5 通＝ 570 位客戶（四捨五入）

＊撥打電話以 5 通為宜

經由上述說明，相信各位已經認知並理解到，這四大要素才是目標客戶名單的篩選機制，也是業務銷售的勝利方程式。

目標客戶名單的四大要素雖然無分孰輕孰重，但若能加強吻合性與新穎程度的力道，業績表現將會更為突出亮眼。各位不妨從吻合性與新穎程度的角度，重新確認目標客戶名單以後，排定業務推廣的優先順位。

話說回來，市場行銷學中有一個透過目標客戶群的設定，推廣業務的手法，那就是所謂的「人物誌設定」（persona design）。然而，我認為開發新客戶無須帶入此行銷概念。

因為，與其將寶貴的時間花費在預設可能的目標客戶，倒不如上網搜尋或透過實際調查，找出每一家客戶的關鍵人物來的有效。

04 開發客源的四大方法

當有了一份貨真價實的目標客戶名單以後，接下來就是真槍實彈的上戰場。然而，隨著B2B行銷的演進與業務技能的日新月異，業務員與客戶的接觸方式也有了不同的變化。

話說回來，其中也有百年不變的準則。例如「約不到客戶就談不成生意」，或者「找錯人等於做白工」之類的基本原則。

凡是擅長於開疆拓土的企業，絕對以約訪客戶的成敗論英雄，這並非純粹用來激勵內勤業務的場面話，而是直擊業務核心的至理名言。

那麼你可能會想，開發新客戶難道就只能死纏爛打？接下來，讓我分析一下目前的市場趨勢（僅限於以用戶或客戶為對象的銷售方式，不含代理商）。

目前，客源開發的接洽方式不外乎以下四大類：

- 推播式行銷。
- 集客式行銷。
- 社群銷售（social selling）。
- 目標客戶行銷（account based marketing，ABM）。

接下來，讓我簡單介紹一下各個接洽方式的概念與手法。

● 推播式行銷

推播式行銷是由業務員發動攻勢，開發新客戶的銷售手法，也是本書的焦點所在。因為行銷對象素未謀面，因此難度極高，也最考驗業務員的銷售能力。有些商品花費的精力與成本，甚至高達集客式行銷的五倍以上，幾經折騰才好不容易拿下訂單。

即便如此，推播式行銷對於一家企業的事業規畫或版圖而言，具有戰略性的地位，即便門檻較高也有其必要性。比方說，開拓新型事業或在公司草創時期，推播式行銷就是一把利劍，此時的重點在於，透過代表性訂單或成功案例拋磚引玉，否則砸再多資金宣傳或做市場行銷，都敵不過競爭對手的優勢。

對日本的業務銷售而言，欠缺實際績效或成功案例均是客戶猶豫，或生意談不攏的致命傷。

除了新型事業的草創時期以外，當事業規模或市占率遇到瓶頸時，推播式行銷也派得上用場。因為只靠市場行銷吸引的客戶畢竟有限，絕對無法有效拓展事業版圖。

客戶下單與否的關鍵，並非完全取決於廠商的市場行銷，反而是**那些時常往來的廠商，在客戶心目中才有諮商或提案的地位**。由此可知，凡是有意搶占市場份額的話，便必須懂得如何搶單。也就是說，努力經營競爭對手的忠實客戶。

● 集客式行銷

所謂集客式行銷是指透過市場行銷，直接獲得反饋的銷售模式。例如，藉由廣告、公關、直銷或內容行銷（content marketing）等多樣化溝通模式，鎖定有興趣的客戶推銷之業務手法。

以數位行銷（digital marketing）為例，二〇一〇年以前，賣方為了配合消費者上網搜尋的習慣，一窩蜂的透過SEO（search engine optimization，搜尋引擎最佳化）或陳列式廣告（listing）等，確保自家商品第一個印入買家眼簾。

然而，風水輪流轉，二〇一〇年以後卻換成內容行銷的天下。換句話說，就是比誰的手腳快，業務員要時常緊盯著客戶的需求動向，透過提案內容製造商談的機會。

更何況在新冠肺炎疫情的影響下，**居家辦公逐漸成為一種趨勢，因此，不少企業也將宣傳重點放在內容行銷，以便找出遠距工作的潛在客戶。**

另一方面，在這個資訊氾濫的時代，倘若不能從提案內容的原創性與專業性中，做出市場區隔的話，勢必陷入一場苦戰。

●社群銷售

社群銷售是目前最熱門的話題，也就是善用社交資源的業務型態。所謂社群銷售指的是透過SNS（social network service，社群網路服務）、線上社群、人脈網或關聯性等人際關係，作為商談的敲門磚，所以說，社群銷售的重點在於「關係」。

只要有了關係，不論是推播式行銷的主動出擊，或集客式行銷的由買方主動接洽都不是問題。

話說回來，人脈經營對於業務員來說，本來就是基本法則，根本不足為奇。只不過隨著時代潮流披上SNS或線上沙龍[5]（online salone）的時髦外衣罷了。說到底社群銷售的本質還是換湯不換藥。

當SNS普及以後，即便是天涯海角各據一方，也可以透過網路平臺千里相會，人與人之間的聯繫更加方便，不再受時空所限。

5 線上的粉絲俱樂部和社群。使用者每個月要支付固定的費用，即可閱讀會員專屬電子報，並參與線下的互動。

須注意的是，不能投機取巧的用金錢買通人脈，這種低級的做法即便業績做的風風火火，也難免落人口舌。因此，**有意於透過人脈拓展業務的話，必須先認清客戶的需求與接觸的動機**，換句話說，就是避免亂槍打鳥。

● 目標客戶行銷（ＡＢＭ）

最後為各位說明目標客戶行銷，簡單的說就是鎖定目標，拉近關係，以便將接單金額或接單量衝高的銷售手法。

與推播式行銷相比，前者的客源較為廣泛，需要耐心耕耘，大多根據目標客戶的屬性，從接觸率或約訪率考量商談的成本與效率。反觀，ＡＢＭ則早已鎖定目標客戶，因此重點在於製造商談機會，而非接觸率或約訪率。

ＡＢＭ的行銷手法並非只針對新客戶的開發，有時也適用於既有客戶的跟催或業績強化。

在接觸或經營客戶上，兩者也各有各的做法。例如推播式行銷可以透過電話或信函聯繫部門主管，也可以透過人脈或朋友圈等社群銷售製造商談機會。

接觸客戶的方法總結來說，可以分為四大類。然而，接觸方法隨著時代的演進，難免讓類型的劃分不再像過去一般嚴謹，但無論如何，重點在於將接觸客戶的手段與類型融會貫通，打造屬於自己的業務模式。

同時，不忘從吻合性與新鮮度的觀點，贏得成效最佳的商談機會。

05 不惹人嫌、不亂槍打鳥、不死纏爛打

終於篩選出一份目標客戶名單以後，接下來就要實際行動了。

問題是嘴上說說容易，事情沒有想像中簡單。推播式行銷的難度本來就較高，更何況受到居家辦公的影響，即使你打電話去公司也不一定找的到部門主管。因此，自從新冠肺炎爆發以來，推播式行銷簡直是難上加難。

特別是說到推播式行銷，讓人第一個聯想到的無非是死纏爛打的電話約訪。而且，不少人的印象還停留在上一個世紀，帶有偏見的以為這種行銷手法就是上不了檯面或者沒有過人的毅力，絕對撐不下去。

老實說，我有時也不免感嘆某些業務型態的確太過死板，跟不上時代的腳

步。話雖如此，但即便是諸如推播式行銷——這種客戶一接電話就想掛的行銷手法，只要懂得善用技巧，必能發展出專業性的約訪手法。

接下來，我要分享給各位的密技就是進階版推播式行銷。最主要的是操作簡單，只需從兩方面著手即可，那就是「有施才有得」的概念與調查客戶的採購時機。

推播式行銷之所以難以推動，不外乎業務員不受客戶歡迎罷了，對於素未謀面的客戶而言，業務員簡直就是來亂的。

而且，這種情況還不僅是新客戶深受其害而已，也可能出現在其他場合。例如參觀某展覽會，手機立馬接到業務員的跟催；交換名片或上網下載資料，推銷郵件便如雪片般飛來等。

特別是沒完沒了的電子報，就算想取消，還要經過一道又一道的手續，最後，只能放棄掙扎，舉白旗投降。

以上的推播式行銷人多由業務員主動進擊，即便只占用客戶一、兩分鐘的時間，也難免惹人嫌。從因果關係來看，客戶動不動就掛電話，或者發送出去的電郵總是沒有回音，難道不是業務員咎由自取？

話說回來，**推播式行銷升級以後，便能讓情勢完全改觀，前提是掌握三不原則。那就是不惹人嫌、不亂槍打鳥與不死纏爛打。**

更重要的是，在對的時間點出現，成為客戶心目中的「Mr.（Miss）Right」。

沒錯，**時機點才是推播式行銷的關鍵**。問題是，要如何知道客戶有什麼採購需求呢？很簡單，就是先前提到的「有施才有得」的概念以及調查客戶的「採購時機」。

實際操作模式請參閱左頁圖表11的說明。首先是結果論，也就是從約訪日程反向推演。

從圖表11可知，在敲定訪談日程以前，必須先找出行銷線索。為了確保在對的時機推動業務，必須先摸清客戶的最佳時期與理由，換句話說，就是採購時機與理由浮出水面的線索。如同先前提過的，賽雷布利克斯將之稱為行銷線索。

話說回來，如何發掘行銷線索呢？此時，要透過溝通（訪談）套出客戶的真

圖表11　新舊推播式行銷的差異

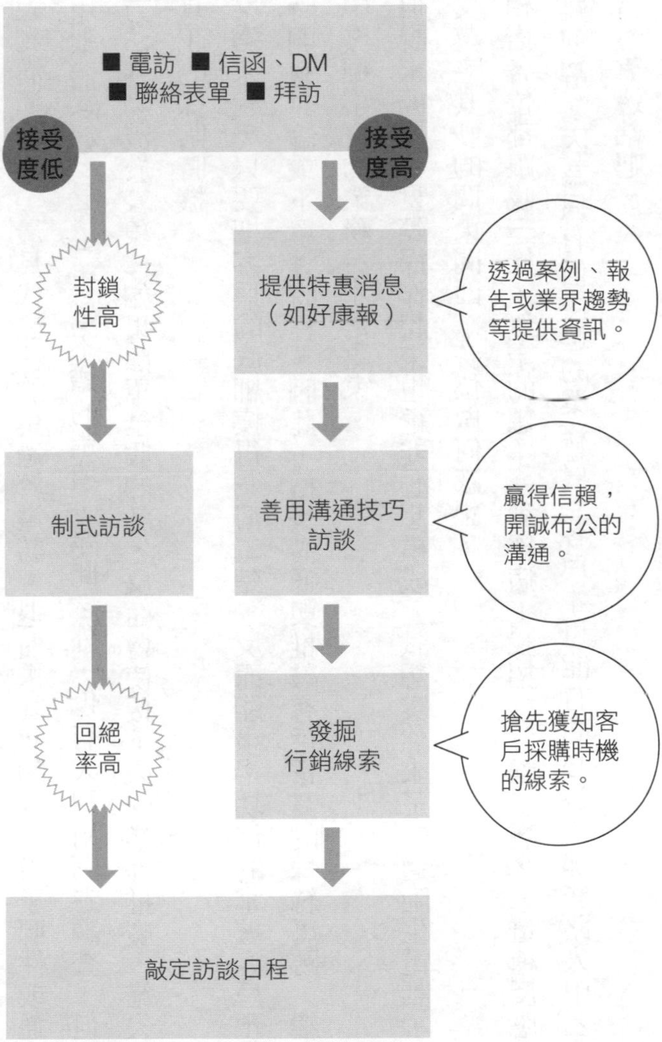

正想法。

說到溝通方法，最具代表性的莫過於電訪。退而求其次的話，電子郵件或通訊應用軟體（如LINE）也是不錯的選項，除此之外，也有人利用問卷調查。但這種方法容易流於表象，如果照單全收的話，反而會使接下來的業務推廣，錯失客戶真正的採購時機。

反過來說，只要把客戶的底細摸得一清二楚，反而能事半功倍的掌握客戶預計何時開會討論或下單等時程。因此，擅長溝通與推敲客戶透露的蛛絲馬跡，繼而從中發掘事實的業務員才是贏家。

但說來簡單，實際操作起來也絕非心想事成。試想突然來了一通陌生電話，對方又莫名其妙的問東問西，各位做何感想？

相信各位都跟我一樣，無奈的想：「神經病！我招誰惹誰了啊？」這種反應也不難理解。因為只有信得過的業務員，客戶才可能有問必答，那些路人甲乙丙，當然靠邊站吧。

面對第一道關卡，突破的重點就是有施才有得的概念。例如圖表11中的「提供特惠消息」（如好康報）就是其中一例。換句話說，就是根據客戶的需求主動提供各種市場情報，讓客戶對自己另眼對待。如此一來，想從客戶口中探聽出任何行銷線索也就不難。

總而言之，傳統的推播式行銷是死纏爛打也約不到客戶。但升級後，則是「主動提供有利的市場情報，成功掌握行銷線索」。這就是普及版與進階版的差異之處。

如同以上所述，我將藉由橄欖枝（如提供情報或成功案例等）拉近雙方距離的業務手法，稱為「供給模式」。希望各位了解這個訣竅以後，不再像無頭蒼蠅般橫衝直撞，而是懂得有施才有得的道理，適時遞出橄欖枝，讓推播式行銷升級再升級。

06 如何要到客戶電子郵件的最強話術

先前介紹的供給模式為了方便讀者理解，我特意從訪談日程反向推演，但實際操作步驟卻相反，應該如以下所示。

1. 業務推廣（電訪／電子郵件／聯絡表單／信函）。
2. 接觸（打聽採購專案的部門主管或決策者）。
3. 提供客戶關心的市場情報（商談內容）。
4. 開誠布公的溝通（探聽競爭對手的相關資訊）。
5. 發掘行銷線索（採購的檢討時機或理由等）。

6.抓準時機上門推銷。

以上就是供給模式的操作流程。接下來，讓我從實務面進一步解說行銷手法與內容的應用。

舉前面的保全公司甲公司為例，試想該公司花下血本，好不容易研發成功的門禁管理系統卻乏人問津，此時，該如何透過供給模式接觸客戶呢？首先，讓我們想像電訪的情景。

「喂，您好。我是甲公司的業務專員王曉明，敝公司是一家開發門禁管理系統的專業廠商。除了研發進出人員的管控系統以外，還承辦食安調查的委託業務或解決方案。最近，我們彙整出一份『食品製造業安全對策與國家補助條款』的報告，免費提供給客戶參考（供給）。不知道貴公司有沒有興趣？」

↓

「好的。那我就用電子郵件寄給您。方便請教您的貴姓大名、電郵地址，部門與職稱嗎（調查）？」

老實說，就這麼掛上電話也不是不可以，只不過可惜了一點。因為誰能保證電郵寄出以後，有沒有回音呢？好不容易找到了聯絡窗口，就應該保握機會，能多問幾句就多問幾句。

「事實上，我們還特別根據客戶的特性，加入一些有效的市場資訊。不知道方不方便占用您一分鐘，了解一下貴公司的實際需求？」

猜猜客戶的反應如何？其實只要是願意提供電郵地址的客戶，很少冷冰冰的拒人於千里之外。就我個人的經驗而言，達成率幾乎七、八成。

這就是所謂吃人嘴軟的道理。**業務員既然遞出市場情報的橄欖枝（供給），客戶多多少少也得禮尚往來一番，這就是所謂的「互惠原則」**（norm of reciprocity）。

一旦客戶願意接受訪談，便不能錯失大好機會，請參考以下的範例，技巧性的打聽出生意成交的可能性。

1.「目前異物混入與食安問題吵得沸沸揚揚，不知道貴公司怎麼看？」
2.「貴公司特別注重哪一塊呢？」
3.「在食安議題上，貴公司目前有些什麼的想法與對策嗎？」
4.「貴公司目前的對策足夠嗎？有沒有需要加強的部分？」
5.「關於食安方面，貴公司隨時掌握第一手資訊嗎？」
6.（回答是者）→「可否借用幾分鐘，向您介紹敝公司的市調報告或提案呢？」
7.（回答否者）→「那什麼時機點或狀況下，貴公司才有此方面的需求？」

要把握機會，可以參照以上的範例事先模擬。在客戶掛上電話以前盡可能探聽出有利於業務推廣的情報。

以上列舉的七點都是關鍵性問題。其中，又以第四至第七點稱得上是生意成交與否的殺手級問題，因為從這些資訊之蛛絲馬跡，能掌握到客戶的採購與理由。總而言之，就是行銷線索的捷徑。

供給模式的業務銷售雖說以拜訪客戶為目的，但也不妨將行銷線索的線索量視為重要的中期指標。因為，只要掌握行銷線索，便能針對每個客戶適時調整或修正，擬訂合適的行銷策略。

除此之外，供給模式除了探聽客戶資訊以外，還能藉此發現商談契機。如此一來，便能主動出擊，不錯失任何機會。

總而言之，供給模式的概念雖屬放長線釣大魚。然而，只要雙方溝通順利，也可能立即見效，尤其是對於那些刀槍不入的客戶而言，絕對是約訪的切入點。

在這個多變的時代，**採用推播式行銷的業務員應該重新定義自我，致力於提供有利的市場情報，讓客戶另眼對待。**

07 「抱歉，他不在公司」，遇上這種總機如何突破

推播式行銷之所以難以推動，大多是找不到聯絡窗口。其中，前臺或總機的把關也占了一大部分因素，只要未經預約，不論是親自上門或者電訪，前臺總是制式的一句：「抱歉，〇〇不在公司。」打發不速之客。

然而，**只要善用一點技巧，便能讓前臺將自己從不速之客名單中剔除。**

例如，具體說出客戶的職稱與姓名。以我個人來說的話，我習慣事先上網或透過業界的SNS確認目標客戶的公司與職稱以後，再撥打電話聯絡。

這種事前準備有一個好處，就是萬一找錯對象也無須慌張，只需要淡淡的一句：「噢，這樣啊？可是食安方面不是陳經理負責的嗎？」運氣好的話，前臺就

被你的話術套了進去，不假思索的回說：「你說食安啊，那個現在歸特助管。」

話說回來，即便找到專責的部門主管也不代表生意順利成交，還不如找對聯絡窗口來的實在。

比方說，前臺制式臺詞的第一句就是：「您好，有什麼需要為您服務的嗎？」過濾垃圾電話可以說是前臺的工作之一，當她（他）們反射性的說出：「有什麼需要為您服務的嗎？」業務員必須技巧性的暗示自己可不是來亂的。

接下來，讓我從以下的範例分享突破前臺（總機）把關（轉接電話）的技巧。

● **製造關聯性**

「是這樣的。前陣子我與陳經理提過保全的企劃案。他請我四月以後再聯絡他，麻煩幫我轉接一下。」

「前幾天我送了一份食安對策的報告（或資料）給陳經理，想跟他確認一下後續的進度。」

「陳經理上次參加我們公司的研討會，我想諮詢一下他的看法。」

以上的說話技巧在於暗示業務員與部門主管的關聯性，以免被當成路人甲而碰壁。

任何未經預約的人士都是前臺把關的對象，因此，只要**從電郵、電話的往來或資料提供等，製造與對方的關聯性，便能順利過關。**

●展現權威性

「是這樣的，今天想跟貴公司介紹一下我們研發的人力資源管理系統。這套系統一推出就廣受市場好評，連〇〇與××等大企業都是我們的忠實客戶。」

「是這樣的，今天想跟貴公司介紹一下我們研發的員工監控軟體。這套軟體市場的接受度極高，將近四成的創投或新創公司用的都是我們家的軟體。」

「您好，我是賽雷布利克斯的客戶開發經理，想與陳經理討論一下業界今後的發展。」

第二種方法就是搬出業界響叮噹的企業或者部門主管當靠山。這種情況下，

前臺大多不好意思擋關。

如果各位的公司或者自家商品說出來不夠嚇人，不妨從業界的關注焦點或與其他重量級企業的合作關係下功夫（切忌操作過度，適得其反）。

●特殊待遇（加值感）

「您好，我們公司有一項針對特定客戶的新品試用調查，不知道貴公司有沒有意願參加？」

「我們公司推出的經營者交流平臺正在促銷，凡是〇〇日以前報名的公司都可以免費試用。」

「我們公司研發的IT系統，特別適用貴公司的事業形態。而且，年底以前簽約的客戶還有現金回饋。」

與前臺溝通時，必須掌握簡單明瞭的原則，要在兩、三句話中，營造機不可失的特殊待遇或加值感。

然而，須注意的是，過分強調商品的功能或特點，反而容易讓前臺自作主張的先斬後奏，你倒不如從限定客戶或期間等關鍵字切入，更具吸引力。如此一來，前臺也會猶豫的想：「嗯，聽起來好像蠻不錯的。還是轉接給〇〇部門吧。」

●回擊技巧

當我們說明自己的來意，卻被前臺擋關時，該如何扭轉劣勢？此時，過多的解釋只會讓事情越變越糟。既然對方將球丟了過來，那麼把球丟回去不就得了？

前臺最常用的推託無非是：「不好意思，我們公司不接受業務推銷。」、「我們公司沒有這方面的困擾」或是「現在不需要」等。

接下來，讓我分享將球丟回去的回擊技巧。

「是嗎？不過，貴公司的條件其實可以申請政府補助。我想陳經理應該會感興趣，才特地與他聯絡的。」

「是的。我理解貴公司的規定。其實是這樣的，這個方案自從推出以來，業界的反應極好。我想依貴公司在業界的地位，陳經理應該也會感興趣才對，可不可以幫我問一問，或許他有興趣呢？」

以上的攻防重點在於透過時勢動向或競爭趨勢，配合客戶的營運方針，讓前臺意識到這通電話的正當性。

除此之外，**可以多加利用客戶公司發布的最新消息或公關活動等**。例如：「我在網路上看到貴公司新品發布消息，滿感興趣的，不知道該與那一個部門聯絡……。」如此一來，前臺便不能喀擦一聲的掛上電話。

其次，前臺如果說：「不好意思，我們公司已經有合作廠商了……。」又該如將球丟回去呢？

「您放心，我打這通電話也不是勸貴公司立即轉單的。只不過希望給我們一個機會，貴公司也可以趁機重新檢討一下，不是嗎？」

「是這樣啊。那我可以提供產品資訊，作為今後貴公司續約時的參考嗎？」

當前臺表示有合作廠商以後，你還死纏爛打的話，只會加深他們反感。倒不如從提供其他選項的觀點切入，讓前臺覺得「說得也是，聽一聽其他公司的提案也不吃虧啊」更加有效。

以上就是前臺（總機）的攻防術。推廣業務時，只要記得過濾訪客或來電是前臺的職責，同時，善用暗示技巧，避免其擅自作主便是生意成交的敲門磚。

事實上，類似的**攻防術不僅適用於電訪，也可以應用於線上的聯絡表單**。例如，透露出不尋常的商機，便有機會讓客服人員往上呈報，總而言之，就是強調「正當性」。

08

成功約訪的最強四百五十字

成功突破前臺的把關以後，接下來就是讓總機將電話轉接給部門主管。此時，**約訪的成功關鍵就在於這三大密技：控制說話速度、〇．五秒的遲疑、拋出約訪的誘餌。**

接下來，讓我們一一探究下去。

● 控制說話速度

一般來說，日常溝通的話，一分鐘三百個字的速度不快又不慢，最為適中。其實，這就是新聞主播的說話速度。

然而對於新客戶而言，誰也沒有那個耐心聽業務員娓娓道來。如果按照這個速度說話，沒有三、兩句客戶肯定立馬掛上電話。

賽雷布利克斯曾經針對業務員的說話速度做過一項調查，結果顯示，業務員的說話速度為一分鐘說四百五十個字時，反而比一分鐘說三百個字時，約訪的成功率更高。

然而，電訪的話情形又不太一樣。因為缺乏畫面與真實感，僅憑聲音很難想像對方的樣貌或者對方到底想說些什麼。

因此，**電話溝通必須掌握簡單扼要的原則，加強關鍵字眼，以免客戶有聽沒有懂**。總而言之，就是該快的時候快，遇到重點時又得放慢說話速度。

●○・五秒的遲疑

所謂的打動人心，是指傳達的訊息讓客戶心動的說話技巧。

例如**溝通時**，避免多餘的場面話或不必要的解釋，而是**單刀直入的提供有利的市場情報，或者說明拜訪動機**。換句話說，就是從結論反向鋪陳的操作手法。

如此一來，即便是冷冰冰的電話溝通也能在無形中升溫。

參考以下的範例，讓推銷內容轉個彎。

NG：「您好。我是□□公司的業務專員。敝公司專門提供設施管理方面的解決方案。比方說辦公室的規畫、效能或者工作方式的改善等，都是我們的強項。因為求職留言板上，貴公司在薪資與公司文化方面特別受到好評。我想或許貴公司有興趣改善目前的工作方式……。」

OK：「您好。我是某某公司的業務專員，此次特別針對求職留言板中，薪資評比前幾名的企業提供專屬服務。其實，以貴公司的條件來說，只要稍微調整一下，不僅可以擠進『最想入職的企業排行榜』，甚至員工滿意度與離職率都可能大幅度改善。」

只要懂得打動人心，就不怕說到一半被客戶掛電話。即便是客戶想掛電話，也會遲疑個〇．五秒，而業務員爭取的就是這一丁點的停頓時間，只要客戶遲疑了，接下來的就好溝通了。

●拋出約訪的誘餌

當○．五秒的遲疑奏效以後，客戶就願意聽看看業務員怎麼說。此時，**切忌見獵心喜的要求客戶給自己一個提案的機會，這些小動作只會引發客戶反感**，要從提供市場情報的角度出發才能讓客戶卸下心防。

以前面提過的甲公司為例，我在幫他們推廣業務的時候，有一個殺手鐧，那就是實地勘查。

比方說去食品工廠實際走一遭，確認可能發生的風險或保全漏洞之後，做一份簡單的評估報告，然後，再利用這份報告與客戶溝通，達到業務推廣的目的。舉例如下：

「陳經理您好，我是甲公司的業務專員今井晶也。敝公司正針對食品製造業的安全與誠信進行調查，同時提供客戶解決方案。

「事實上，我最近曾到貴工廠參觀，整體的安全對策讓人印象深刻。不過，我覺得有些部分如果加強一下或許會更完善。不知道方不方便跟您約個時間，報告一下？」

這就是我的行銷手法。事實上，光靠理論或說詞都無法打動客戶。唯有真心、腳踏實地的努力才能讓客戶感動的想：「這個人竟然做到這個地步……。」如此一來，即便是頑石也會被擊破。

當然，實地勘察所提出的報告在接下來的商談中，也派得上用場。我的行銷手法之所以成功，或許是因為恰巧符合客戶需求，才有機會上門拜訪。有時也可能被認為多管閒事而適得其反。因此，套用這種話術時，務必察言觀色，避免弄巧成拙。

09 業務推廣的新招——社群銷售

提到開發客戶，不少人還是跳脫不了電話行銷的刻板印象。電訪當然不失為一種有效的手段，但不可諱言的，隨著時代的演變，接觸客戶方法與管道也越來越多樣化。

特別是從SNS流行以來，懂得經營社群銷售的話，更有可能針對特定客戶群直接溝通。

事實上，部分SNS平臺開始有人不再用暱稱發文，甚至**大方的秀出公司名號，如果能善用這樣的交流平臺，釋出對方感興趣的資訊**，說不定**SNS也能成為開發客源的敲門磚。**

例如在社群中，時不時上傳一些市場資訊，建立專業的形象。之後你即使突然向他人介紹自家商品，相信對方也不會一口回絕。當然，社群銷售的經營除了推播式行銷以外，對於集客式行銷也具備同樣功效。

除此之外，SNS的搜尋功能也值得多加利用。只要輸入關鍵字，篩選出潛在客戶的帳號，便能根據對方的貼文內容，挖掘商談的蛛絲馬跡（例如徵求工作夥伴的話，便可介紹人力仲介服務等）。

再者就是從SNS的人脈著手。換句話說，就是摸清楚目標客戶的好友關係。就如同哈佛大學心理學教授斯坦利．米爾格拉姆（Stanley Milgram）於一九六七年提出的「六度分隔理論」（Six Degrees of Separation）。即便是不相干的兩個人，透過朋友與朋友的介紹，不到六個人便能建立關係。

話說回來，運用SNS的行銷手法有好也有壞。雖然更容易與目標客戶接觸，但因為過於直接，也容易引起反感。

二〇二一年七月有一份針對SNS用戶的「業務推銷接受度」的問卷調查。在三千六百九十二筆的有效答覆中，DM（Direct Message，私訊）的接受度最低，僅有一四%。由此可知，有時候看似捷徑，也不能像無頭蒼蠅般亂闖亂撞。即便是**社群銷售同樣講求吻合性與新鮮度**。

除此之外，不懂得尊重對方與拿捏分寸的私訊，反而有可能讓自己被加到黑名單。雖然部分企業嚴禁員工用真實姓名在ＳＮＳ上交流，但不容置疑的是，**SNS絕對是今後業務銷售不可或缺的管道之一**。

第 4 章

年年吸引萬人搶著上課的推廣流程

確保每一筆訂單都能成交的辦法，就是管控業務銷售流程。如果想讓客戶沒有理由推託，不能在最後關頭才使力，而是關注每一個流程的跟催進度。例如打消客戶在各個流程中，突發其然的沒興趣；提高客戶期待值的可視度，藉此贏得共識與共鳴等，唯有細心耕耘才有可能確保生意成交。

有鑑於此，我們將業務推廣流程分成以下七大步驟：

1. 蒐集資訊、制定計畫。
2. 拉近距離。
3. 需求分析。
4. 跟催。
5. 撰寫企劃案。
6. 向客戶提案。
7. 準備簽約。

以上七大流程都是在與客戶達成共識下才能成立，一旦商談喊停，你卻還不死心的力求挽回，等同於打客戶的臉，任憑誰都不會有好臉色。倒不如在客戶回絕以前，提出解決方案或消除客戶的疑慮與不安。

本章將針對各個業務推廣流程，說明基本策略與重點。

01 不逼問客戶需求，而是協助解決

對於許多業務員而言，最想練就的好本領無非是商談的技巧與手法。其實顧問式行銷就是最好的選擇，保證各位贏在起跑點，脫穎而出。

顧問式行銷是由業務員主導的銷售模式。所謂的主導指的是化被動為主動，掌控全局，面對客戶時，業務員不再是單純的業務推廣，而是站在代言人或者幕僚的立場，提供意見與排憂解難。

倘若提案的內容與經營高層的課題相關，就應該從經營者的角度提出建言。提案的內容若是市場行銷的話，則化身為行銷人員，提供確切的推廣方案。

總而言之，**顧問式行銷就是協助客戶規畫發展前景與營運計畫的業務模式。**

我在第二章提過，讓原本無意交易的客戶回心轉意，最有效的辦法就是在商談階段事先設定課題，採取顧問式行銷。業務員必須站在企管顧問的角度，分析客戶的問題所在，提供有效的解決對策。

不過話說回來，顧問式行銷不等同企管顧問，兩者切忌混為一談。畢竟客戶並未主動要求業務員提供諮商服務，或許有人認為這是自相矛盾。其實不然。總而言之，避免擺出企管顧問的架子就對了，只要沒拿捏好分際，過分投入的話，反而給客戶留下傲慢的印象。

不少業務員總喜歡問：「貴公司目前有什麼需要解決的問題或課題嗎？」殊不知客戶大多在心裡翻白眼的想：「你問我，我問誰……。」

之所以會發生上述雞同鴨講的現象，無非是業務員誤解提案型業務手法的本質，所引起的悲劇。對於集客型行銷而言，接受客戶諮詢或確認客戶面臨的課題，或許還說得過去。

但場景倘若切換成推播式行銷，這種交淺言深的問法，難免讓客戶懷疑業務員的智商與情商。這就像是你受邀做客，卻鞋也不脫的就大喇喇走進去一樣，讓人尷尬無比。

說到底，顧問式行銷的最終目的是協助客戶解決課題，而不是逼問客戶到底有些什麼課題。

02 顧問式行銷的標準七步驟

顧問式行銷可以說是協助客戶實現理想的業務模式。其中的業務推廣流程，我們公司稱為「顧問式行銷流程」。

老實說，談不攏一筆生意不難理解，無非是在商談的某個流程中卡關罷了。總而言之，在各個業務推廣流程中，客戶推託或不買單的理由才是丟單的關鍵。

你如果單純的認為談生意就只是「談生意」，不知道還有不同的步驟與流程的話，便會錯失補救的機會。因此，讓每一筆訂單安穩落袋的關鍵在於，排除業務流程中，任何變數或反對意見。

換句話說，就是打消客戶推託或不買單的理由，一步一腳印的往前邁進。

圖表12　顧問式行銷的七大流程大綱

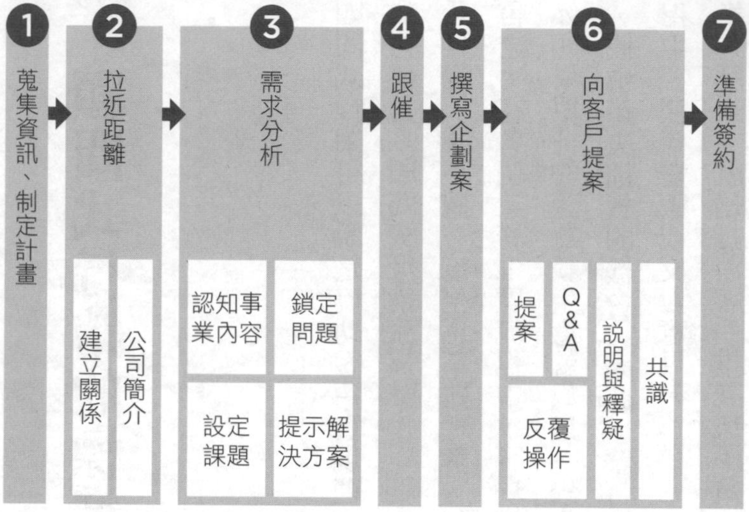

為了監控商談進度，賽雷布利克斯特定將顧問式行銷拆解為七大流程（見圖表12，是七大流程的概況。相關的專業知識留待本書後面進一步說明）。

如此拆解下來便可以根據商談或專案的性質，跟催業務推廣進行到那一個階段。

最重要的是及時控損，也就是斷絕客戶推託或不買單的理由，或針對變數研擬對策，以確保每一筆商談百無一失的成交。

接下來，讓我們看一看顧問式行銷拆解為七大流程以後，各自的戰略位置。

1. 蒐集資訊、制定計畫（研擬推廣攻略）

蒐集資訊、制定計畫是七大流程中的第一步，也可以視為每一筆商談的總體規畫。因此，重點在於做好萬全準備，確保每一個環節毫無漏洞，以便順利拿下訂單。

2. 拉近距離（建立信賴關係）

第二個流程是建立業務員與客戶之間的關係。

這個階段的目標是贏得信任，在客戶心目中占有一席之地。例如自我介紹、說明合作的誠意，或透過投售技巧簡單介紹自家公司或商品等，取得客戶的好感與商談的興趣。

3. 需求分析

第三個流程是讓客戶認知引進商品或解決問題的必要性。此時，提供給客戶的調查報告切忌流於表象，或抓不到重點的向對方亂問一通。而是每一句話都要切中要害，導引客戶認知課題的重要性與急迫性，看清楚理想與現實之間的落差。

4. 跟催（定義需求與規畫下一步）

第四個流程是根據客戶的需求，研擬最佳解決方案。此時的重點在於，預設的課題與提案內容取得共識，其他像是預算編列或時程規畫也是此階段的任務。除此之外，還需掌握客戶的研判標準或高層的決議流程。

5. 撰寫企劃案（提案內容）

第五個流程是針對客戶面臨的課題，描繪解決方案。同時，根據控管訂單流程中客戶同意的內容，來撰寫企劃案。反過來說，如果客戶從頭到尾都表現的毫無興趣，業務員應該就此打住，以免浪費時間。因為缺乏課題與需求的話，企劃案就不成立。

6. 向客戶提案（展現實力）

第六個流程是向客戶提案（在客戶面前做簡報），介紹解決方法或企劃案，而關鍵在連貫性。對於客戶來說，畢竟業務員的提案看不到也摸不著，全憑想像。因此，企劃案的內容必須前後一致，同時合情合理，讓客戶心中有一個具體的藍圖。

7. 準備簽約（臨門一腳）

最後，第七個流程的重點不是說服，而是為了讓客戶下單，提供全方位的支援。例如針對客戶提出的條件再交涉、調整，或為了讓客戶請示他的主管時更順利，提供協助等，也可以視為生意成交的臨門一腳。

03 先觀察他的反應，再對症下藥

顧問式行銷的關鍵在於步步為營，也就是確認每一個階段的客戶反映以後通關達陣。

整個業務流程的終極目標就是在簽約前，確保客戶沒有推託或不買單的理由。由此可知，任何一個流程都是牽一髮動全身，絕對不能讓客戶留下一絲一毫「不對勁、不需要或不安」的疑慮。

舉例而言，假設A公司對於不願簽約，給的理由是「性價比（CP值）不高」。此時你可能想給自己找臺階下：「可不是嗎，投資得不到回報的話，誰肯下單呢？」

問題是這種做法能撐到幾時？此時的重點不是性價比，而是客戶感受不到商品帶來的效益。總而言之，問題不在提案內容缺乏吸引力或不切實際，而是雙方對於課題的認知未能達成共識──換句話說，就是客戶感受不到合作的必要性。

因此，顧問式行銷中的第三個業務流程──需求分析其目的就是預防各說各話的窘境。實際操作手法如下所示：

「陳經理的意思是，貴公司的短期目標是提高市占率，成為業界龍頭。不過，目前的業務人手有一點吃力，所以希望在半年內添增二十位生力軍，以便搶攻市場。問題是依照目前的進度來看，剩不到幾個月了，恐怕很難達標。實在不行的話，也可以外包給其他人力派遣公司。以上，我沒有誤會您的意思吧？」

為了避免各說各話或會錯意，業務員應該在商談中，確認自己預設的問題（亦即課題），同時與客戶達成共識。以防後續流程中出現任何變故，也能及時因應。

總而言之，透過在各個流程中達成共識，確保整個商談順利運轉的模式，才是所謂的顧問式行銷。

實際的操作流程請參閱圖表13（第一五四至一五五頁）的說明。圖表中所標記每個流程的確認與回饋，乍看之下或許讓人感到一頭霧水，但這就是業務推廣的實際狀況。業務員做事必須鉅細靡遺，一次又一次的贏得與客戶的共識。

例如在第二個流程的「拉近距離」中，業務員一旦讓客戶留下吊兒郎當的印象，即便在第三個流程的需求分析中，發掘出問題所在，也很難從客戶口中問出滿意的答案。

為了避免這樣的情況發生，**業務員應該在第二流程中展現誠意，取得客戶的信賴**。例如：「如果您不介意的話，也讓我盡一份心力吧。大家腦力激盪一下，說不定有什麼好辦法。」

一旦客戶認同你，在接下來的商談中，對方便會有問必答，甚至在革命感情的驅使下，同心協力的面對課題。

同時，在各個流程的最後，確認雙方是否具有共識與共鳴。這麼做，可以檢視商談狀況是否跳脫自己的掌控範圍。

那麼，各個流程中又該如何與各戶達成共識與共鳴呢？無非是將心比心的道理。比方說客戶以「和其他廠商相比，報價過高」為由而推託時，業務員便應該在商談中，提出有利的資料，說服客戶該報價實屬一分錢一分貨，

一旦業務員所做的功課讓客戶點頭或沒有話說，例如：「欸，說的也是。羊毛出在羊身上」或者「報價是其次，不過你們家的〇〇功能倒是挺不錯的。」接下來的商談便順風順水，不費吹灰之力。

然而，有些業務員會在最後才檢討客戶不買的原因。

對於此點我倒是不能認同，這就像是被甩了以後，還自欺欺人的說：「舊的不去，新的不來。」或者主管在得知得力部屬另有高就時，暗自捶心肝。

因為前者與後者面臨的都是「為時已晚」的結局，而業務推廣也是同樣的道理。與其在最後捶胸頓足、悔恨不已，倒不如抱持著早期發現、早期封鎖的概念，讓客戶在最後關頭沒有拒絕的理由。

即便是商談中遇到瓶頸或變數，也無須瞻前顧後。正所謂兵來將擋，水來土

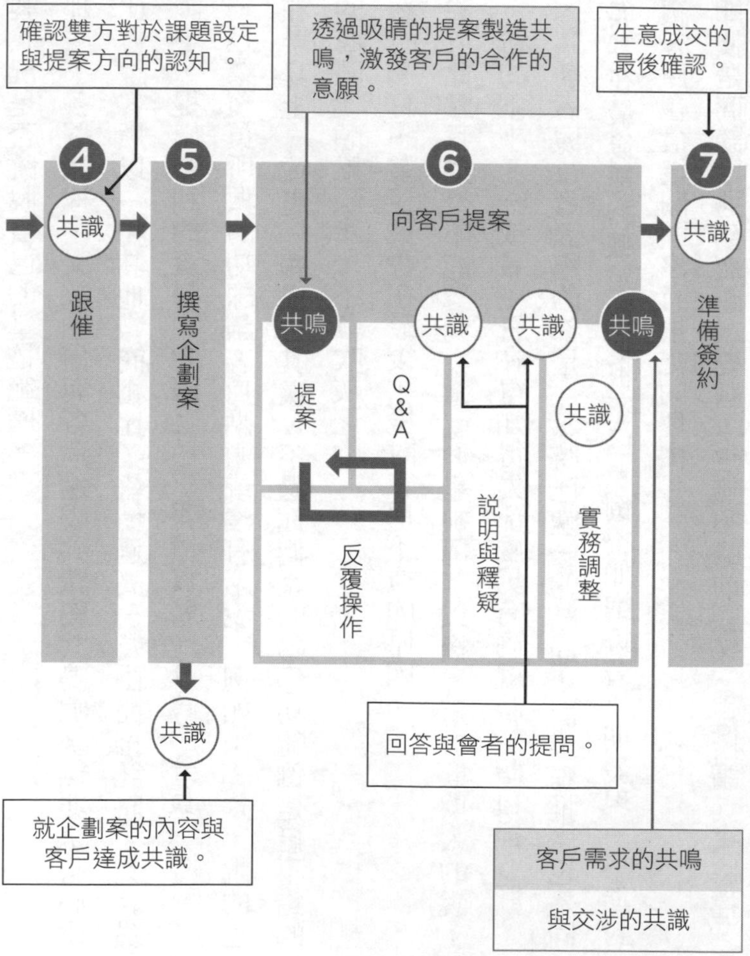
確認雙方對於課題設定與提案方向的認知。
透過吸睛的提案製造共鳴，激發客戶的合作的意願。
生意成交的最後確認。
4
5
6
7
共識
向客戶提案
共識
跟催
撰寫企劃案
共鳴
共識
共識
共鳴
準備簽約
提案
Q&A
共識
反覆操作
說明與釋疑
實務調整
共識
回答與會者的提問。
就企劃案的內容與客戶達成共識。
客戶需求的共鳴
與交涉的共識

圖表13　顧問式行銷中創造共識

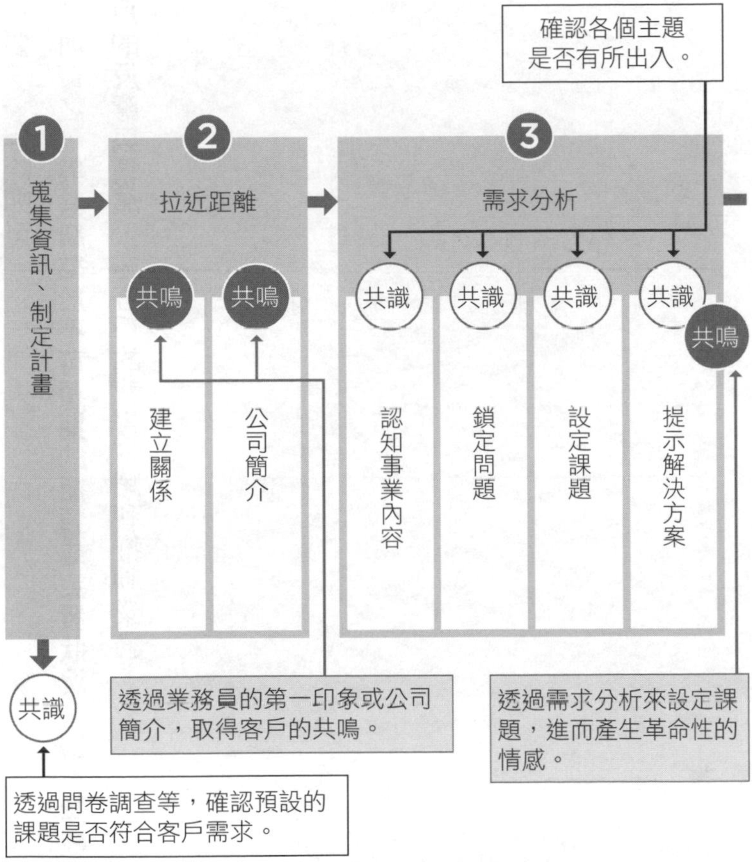

確保雙方在共識下進行商談。以防各個階段中，發生客戶推託或不買單的窘境，順利推廣業務。

掩，只要一一排除即可。

總而言之，**與其糾結於不可預期的瓶頸或突發狀況，倒不如觀察每一個環節中客戶的反應與情緒，**在客戶的背書下順利推動業務。

04 訂單總是談不攏的原因

或許這麼說不夠厚道。但就是有業務員喜歡拿熱臉去貼客戶的冷屁股。我除了提供賣方的業務支援以外，有時也替買方洽談生意。買方每每遇到那些特別賣力的業務員，老實說，怎麼樣都聽不下去，他們恨不得當場走人，即便是基於禮貌聽到最後，也不過是裝裝樣子而已。

話說回來，隨著科技的發展與商業文化的演變，線上商談逐漸成為趨勢。於是開線上會議時，因為不是面對面，客戶不必假裝有在認真聽，還可以私下處理私事。

問題是某些業務員還搞不清楚狀況的想：「業務員就是得上門拜訪，透過線上交流怎麼可能好好聯絡感情。」他們不知道的是，自己才是被敷衍的對象，只不過有了網路這一層遮紗布以後，客戶連敷衍都不必了。

話說回來，為什麼會發生如此兩極的現象？只要是開門做生意，就不可能沒有營運上的問題，唯一的差別是危機意識罷了。對於不知不覺，甚且後知後覺的客戶而言，自然感受不到商品引進的必要性或急迫性。

打個比方，你不過想在服飾店閒逛一下，店員卻熱心的從流行趨勢到布料材質一件一件的介紹給你，各位做何感想？肯定無言又尷尬吧。這麼簡單的道理人人都懂。問題是角色互換以後，業務員也容易無視於客戶的需求，抓緊機會一股腦兒的推銷。

由此可知，生意談不攏的原因怪不得客戶，而是業務員不得要領罷了。各位**必須牢記業務推廣的重點不是自我推銷，而是要讓客戶察覺當下的問題或課題。**

反過來說，一旦客戶認知引進商品的必要性，那麼無須業務員多費口舌，客戶也會主動詢問商品的強項、特色與運用方法。

05 線索式行銷vs.核心式行銷

為了避免業務員陷入以上的困擾，賽雷布利克斯特定將顧問式行銷分為「前置」與「後置」作業兩大區塊（參考下頁圖表14）。

前置作業又稱為線索式行銷，而後置作業則稱為核心式行銷。

所謂的線索型是指企劃案形成以前的接單流程。換句話說，就是企劃案的事前準備或檯面下的工作等，前置作業的目的在於激發客戶的興趣，讓原本無意交易的客戶改變心意。

另一方面，核心型是指**最後關頭的搶單流程，重點在於提供符合客戶需求的解決方案，吸引客戶下單**。核心型推廣模式的目的在於發揮臨門一腳的功效。

圖表14　線索式行銷 vs. 核心式行銷

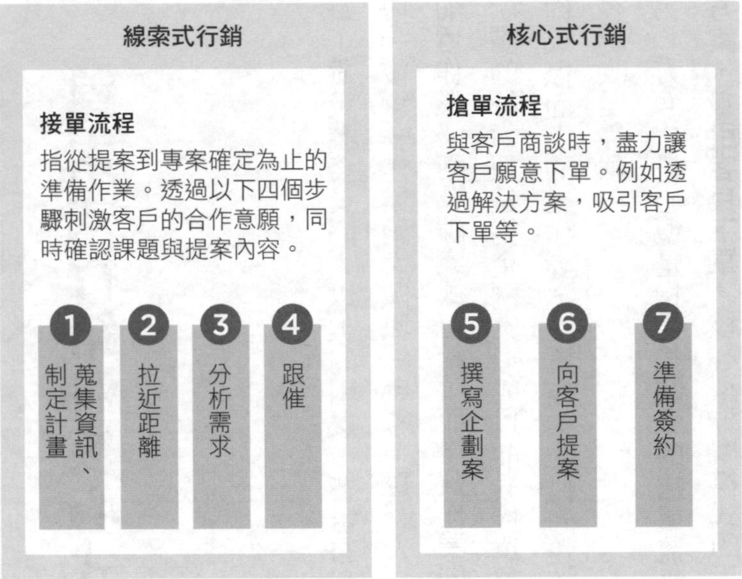
線索式行銷
接單流程
指從提案到專案確定為止的準備作業。透過以下四個步驟刺激客戶的合作意願，同時確認課題與提案內容。
1 蒐集資訊、制定計畫
2 拉近距離
3 分析需求
4 跟催
核心式行銷
搶單流程
與客戶商談時，盡力讓客戶願意下單。例如透過解決方案，吸引客戶下單等。
5 撰寫企劃案
6 向客戶提案
7 準備簽約

其中，尤須注意的是，前置與後置作業中客戶的情緒波動。

當商談的進度尚在線索型階段，代表客戶對於課題的認知不足，甚且缺乏採購意願。

總而言之，線索式行銷不應急於介紹商品或強調企劃案的優勢，而是要讓客戶察覺當下的課題對於今後的發展極其重要且刻不容緩。

另一方面，核心型作業又該如何推動？因客戶對於

圖表15　客戶的焦點與銷售目標的關聯性

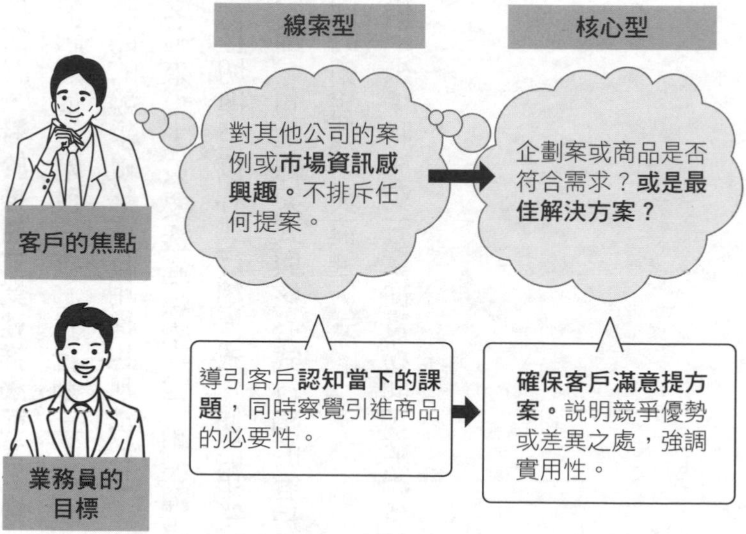

課題與採購的必要性有一定的認知，因此，重點在於讓客戶評估業務員的提案，是否符合需求（見圖表15）。

為了證明自家商品是最佳解決方案，必須提出競爭優勢或商品成效，或實際運用的可行性。

總而言之，核心型作業的目的是讓業務員的解決方案，成為客戶心目中的首選。

話說回來，如果想提高訂單成交率，應該要重視前置作業還是後置作業呢？

坦白說，對於**推播式業務推廣而言**，**線索式行銷的效益比較顯著**。因為只要進入決議的最後階段（核心式行銷），已經超脫業務員的能力所及，即便再怎麼展現商品的競爭優勢或實用性也無濟於事。

反過來說，只要透過線索式行銷發揮自家公司的強項，發掘客戶面臨的課題，一旦切換至核心式行銷模式，便能事半功倍的讓生意成交。

總歸一句，線索式與核心式行銷的客戶各有各的關注點，業務員應該適時變換不同的銷售技巧與溝通方式。

接下來，將於第五章從實務面，解說各個業務流程的具體操作。

第 5 章

讓新客戶變潛在客戶

對於業務推廣而言，不論時代如何演變，也有不變的法則，那就是客戶下不下單，端看需求與否，如果自家商品到處碰壁，說明客戶沒有採購需求。

換言之，就是業務員設定的課題失焦，導致客戶毫無商談的興趣。**特別是開發新客戶時，生意成交與否有七〇%取決於課題的設定。**

一旦業務員設定的課題正中客戶下懷，提出的企劃案自然能滿足客戶的需求。因此，如何讓客戶認知當下的課題，讓前半段的業務推廣發展成線索式行銷（口袋預定單），才是業務員高人一等的手段。

本章將針對業務銷售的七大流程中的「蒐集資訊、制定計畫」、「拉近距離」、「需求分析」、「跟催」進行解說。

前半段的流程靠的不是業務員憑直覺設定，而是事前準備的功夫、自我介紹的訣竅與訪談技巧等，業務銷售的專業知識與技能，以便順利將新客戶發展成口袋名單。

本章是本書內容最豐富的重點所在，甚至可以視為業務成敗的關鍵。

01 我的三二一分析法，客戶看完都大讚

賽雷布利克斯根據多年的行銷經驗得出，新客戶的開發之所以失敗，有七〇％是線索式行銷的流程出了問題，只要設定的課題正中客戶下懷，提出的企劃案自然能夠滿足客戶需求。

顧問式行銷七步驟的第一步：「蒐集資訊、制定計畫」，就如同烹飪時的備料，也就是商談的事前準備。充分的準備與資訊蒐集可以有效防範客戶各種的推託理由，而一份具水準的事前企劃，必須掌握調查對象與推廣攻略來擬定。

接下來，讓我們一一看下去。

圖表16　蒐集資訊、制定計畫的四大準備步驟

1	**預設商談流程**	根據過去的經驗，預設商談的流程與走向。
2	**蒐集資訊**	蒐集經驗法則以外的情報。除了上網搜尋以外，還應透過人脈打聽。
3	**推敲與假設**	推敲客戶需求的成因或背景等根本性理由。
4	**決定商談內容**	準備公司介紹、訪談事項或補充資料等，以便洞悉客戶的內在想法。

首先，如圖表16所示，分為四個準備步驟：換句話說，就是初步規畫↓實際調查市場資訊↓推敲客戶需求↓決定商談的進行方向。接下來，讓我們一個步驟一個步驟的探究下去。

1. 預設商談流程

首先，針對約訪成功的客戶思考訪談的內容與走向。同時，根據經驗預設商談的整體概況。

同時，根據客戶的狀況調查有用的資訊，或準備商談時的話

題，以便讓商談順利進行。

2. 蒐集資訊

蒐集有用的客戶資訊。例如營運狀況（資本額、員工人數、事業概要或營業額）；相關資訊（業界動向、流行趨勢、市占率或競爭等市場情報）；商談對手的資訊（經歷、職稱、職涯、專業領域）等。

可從客戶的官方網站、發布的最新消息或SNS等蒐集資訊。想要更進一步的話，也可以透過業界的友人探聽一二，或積極的參與展示會及各項活動。

調查方法或對象並非一成不變，而是有各種選項。各位不妨參考下頁圖表17的範例，找出適合自己的模式。

總而言之，資料的蒐集對於前半段的商談相當重要。所謂知己知彼、百戰百勝，如果摸不清客戶的脾性，隨便一句話或者肢體動作都可能引來反感。

就某種層面來說，**調查客戶的資訊可以說是基本的社交禮儀。**

圖表17　商談前的調研與資料來源

客戶資訊

☑資本額／員工人數／營業額／利潤／股價

☑事業所規模／組織體制／業務範圍／活動領域

☑公司風格／企業文化／沿革

☑企業使命／展望／價值

☑事業內容／商務模式

☑服務概要／商品概要

☑品牌營銷／新聞稿／廣告／CM

☑媒體宣傳／徵才資訊／研討會

相關資訊

☑業界／業界動向／市場趨勢

☑目標客戶／目標市場

☑市占率／定位

☑競爭對手／競爭商品與服務概要

資料來源

客戶官網、商品介紹的登錄頁面、徵才頁面、SNS、網誌（官方帳號）、商務媒合服務、谷歌搜尋引擎、新聞稿發布網站、業界搜尋網站、數據庫、電視新聞、報紙、經濟報紙、網路雜誌、官宣資訊、智庫等。

對接窗口資訊

☑職涯經歷／職稱／所屬部門

☑專業領域／技能

☑人格特質（品行或思維）

網誌（官方或者是個人帳號）、商務媒合服務、谷歌搜尋引擎、名片管理軟體、網路研討會、活動資訊、網路沙龍、交流會等。

3. 推敲與假設

所謂推敲與假設是指預設目標客戶可能面臨的困境，或理想的事業藍圖，並從中推敲客戶的需求。然而，預設終歸是假設，誇張一點說，一旦雙方面對面接洽以後，原先假設的情節還能派得上用場，嗯，只能說是祖上積德吧。我即便在商場上翻滾多年，也不敢拍胸脯說自己的假設絕對百發百中。

因此，做好心理準備，不要有過多的期望以免失望，反倒**要多準備幾個備案，一旦猜錯了客戶的狀況也能臨時補救**。

4. 決定商談內容

根據推敲出來的假設，決定商談的內容或走向。

例如配合假設的客戶需求，準備相關案例，或者透過公司介紹與投售技巧說明商品或服務等，以便加深客戶的印象。

以上就是專案企劃的四個步驟，希望有利於各位參考與實際應用。

相信不少人看了以上的步驟以後，第一個想問的是：「資訊要蒐集到那一個程度才算完善呢？」

從結果來說，至少得讓客戶有悸動的感覺。雖然悸動的反應方式也因人而異，總之一句話就是自己的努力，讓客戶感動的想：「沒想到這傢伙這麼用心啊！」或者業務員說的每一句話都引起共鳴，打進客戶心裡。

換句話說，就是溫暖客戶原本冷漠的心！

話說回來，在商場沒有兩把刷子，怎麼能夠感動客戶呢？此時，就需要過人的洞察力。接下來，讓我們如何透過商談準備的心法，讓各位的洞察力威力全開！

在商談的準備階段中，我推薦的第一個密技是我常用的三二一分析法（3C+2C×總體環境）。

三二一分析法中的3C指的是「Customer」（顧客或目標客戶）、「Competitor」（競爭對手）與「Company」（自家公司）。3C分析法是日本管理大師提倡的策略鐵三角，經常作為經營路線、事業規畫或商談時的重要參考依據。

而三二一分析法則是我根據多年業務經驗獨創的心法，因此，切入的角度與觀點與傳統概念稍微不同。

首先，第一個3C不是站在自己的角度，而是從客戶的觀點進行分析。其次，透過第二個從自家商品資訊出發的2C（Company、Competitor）分析總體環境的趨勢，甚至順境（機會）或逆境（威脅）等外在因素綜合研判。

這套心法的重點在於，找出客戶的賣點與自家商品的關聯性。

接下來，讓我們透過案例了解實務面上的應用。先請參閱下頁圖表18的基本流程。

第一步，從客戶的角度與圖表18中的①②③進行3C分析，接著，透過④與⑤進行自家商品的2C分析。最後，加入⑥的總體環境，找出勝利方程式。

那麼，實務上該怎麼操作呢？我們再以前面提過的甲公司為例，假設某家代銷公司承辦甲公司的委託，向食品加工業的乙公司推銷。以下是針對乙公司進行的三二一分析法步驟：

圖表18　三二一分析法的基本架構

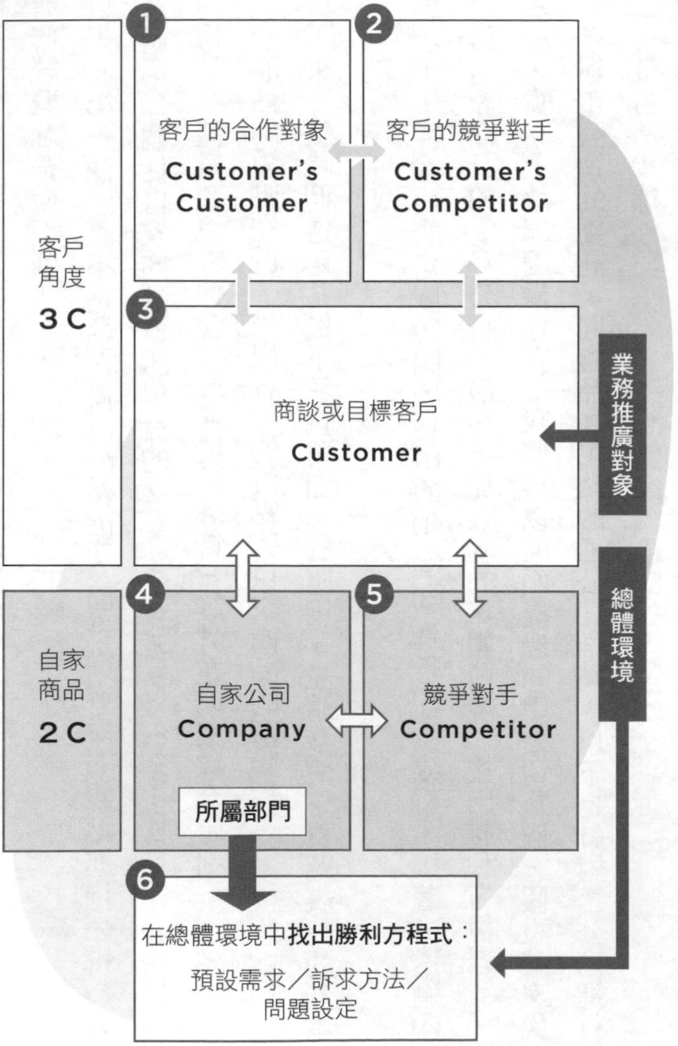

1. 客戶的合作對象

首先，掌握乙公司的生意往來。經調查得知，乙公司的顧客以餐廳等外食服務或超市等零售業為主。

接下來在「客戶的合作對象」中，填入乙公司的客戶資訊，如外食服務、零售業。除此之外，最好加註今後的交易重點，例如異物混入成為社會關注焦點時，註明「有鑑於異物混入的話題，大型零售業或外食連鎖店對於進貨商的要求應該更加嚴格。合作廠商必須有完善的品管或風控制度」等。

2. 客戶的競爭對手

其次，列舉乙公司的競爭對手。在②中填入競爭的食品加工廠。除了條列他們的主力商品與市占率等業績以外，同時針對此次推廣重點的食安與異物混入，調查競爭對手的因應狀況，作為補充說明。

例如：「比對兩、三家食品加工廠後發現，食安對策呈現嚴謹看待與任憑發展的兩極化態勢」等。

3. 商談或目標客戶

根據①的目標需求與②的競爭動向，掌握乙公司的優缺點，同時預設客戶需求，將調查結果填入③。

例如：「乙公司對於開發商品不遺餘力，不僅陸續推出幾款熱銷商品，同時產品線齊全，業界幾乎無人能及。另一方面，在客戶的合作對象中，不論是品管與風險控管方面的投資都落後最大的競爭對手許多」等。

經過①②③的操作，便能找出商談的重點。

例如：「乙公司的交易對象外食或零售業為主，因為終端客戶為消費者，因此商品線相對保守，以防食安風險。此外，因為加強供應商的進貨條件，導致生產的品項有減少的趨勢，或許影響乙公司的業績。

「一旦發生食安問題，商品回收等必然是一筆不小的開銷。綜合以上分析，乙公司目前的重點不在商品研發，而是將經費投入風險控管更符合所需。」

接下來加入輿論關注的話題（亦即大環境），強調論點的「急迫性」。

例如：「輿情顯示，風險控管是食品產業責無旁貸的一環。因此，重點在於早期預防的風險意識。乙公司在此方面的努力有目共睹，有助於提升品牌形象或營業額。」

以上就是站在客戶觀點所做的3C分析。接下來讓我們利用下頁圖表19，分析各個區塊的實際操作。

其次，透過2C分析自家商品，以便說服客戶「自家商品是解決課題的最佳選擇」。經由以上的步驟，最後找出順利拿下訂單的「勝利方程式」。

4. 自家公司

滿足③的客戶需求後，再來要整理自家公司的「服務價值與欠缺（尚待加強）之處」。

以前面提到的保全公司甲公司為例，我的做法是搶先同業一步，針對食品加工廠的屬性實際調查或研擬食安方案。

然而，缺乏與保全公司合作的績效，極可能成為最後攻防的致命傷。為了打

圖表19　透過 3C 分析客戶

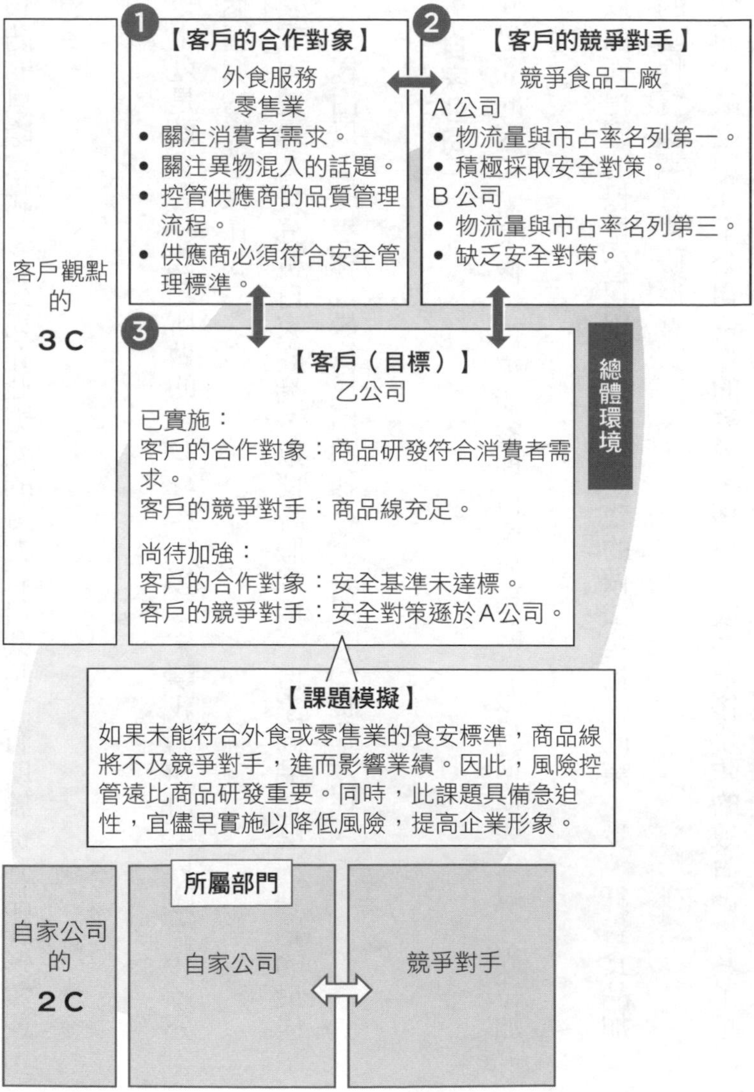
客戶觀點的3C
1【客戶的合作對象】
外食服務
零售業
• 關注消費者需求。
• 關注異物混入的話題。
• 控管供應商的品質管理流程。
• 供應商必須符合安全管理標準。
2【客戶的競爭對手】
競爭食品工廠
A公司
• 物流量與市占率名列第一。
• 積極採取安全對策。
B公司
• 物流量與市占率名列第三。
• 缺乏安全對策。
3【客戶（目標）】
乙公司
已實施：
客戶的合作對象：商品研發符合消費者需求。
客戶的競爭對手：商品線充足。
尚待加強：
客戶的合作對象：安全基準未達標。
客戶的競爭對手：安全對策遜於A公司。
總體環境
【課題模擬】
如果未能符合外食或零售業的食安標準，商品線將不及競爭對手，進而影響業績。因此，風險控管遠比商品研發重要。同時，此課題具備急迫性，宜儘早實施以降低風險，提高企業形象。
自家公司的2C
所屬部門
自家公司
競爭對手

消客戶的疑慮，便需要補救方法或替代方案救場。

於是，我便渾身解數的找同業合作，或者為頭號客戶提供「試用版」專屬服務等，作為談生意的敲門磚。

5. 競爭對手

向乙公司提出企劃案的同時，要確實掌握競爭同業的動向或吸引乙公司轉單的替代方案。其目的在於釐清競爭同業或替代方案的強項與弱點（欠缺之處）。

就以甲公司的案例而言，競爭同業的強項在於透過保全公司的合作績效，建立客戶的信心。然而，根據我的分析，發現他們缺乏食安對策或風險控管的經驗。因此，有關這方面的解決對策或企劃案便成為他們的弱點。

6. 找出勝利方程式

最後一步是彙整①～⑤的內容。思考自家公司的商品如何助客戶一臂之力，解決課題甚且開拓事業版圖。

除此之外，預先做好準備，例如：「客戶會問些什麼問題？」、「該準備些什麼數據或報告？」或者「有沒有什麼案例以製造話題呢？」

以前面提到的案例來看，只要依照①～⑤的步驟，很容易就能找出其中的勝利方程式。

例如：「有鑑於最近輿情的關注焦點，對於乙公司來說，今後的重點不在於斤斤計較商品研發的成本，而是加強風險控管。

「再者，風險控管勢在必行，越早切入對乙公司越有利。那是因為既可將風險降至最低，又可加深品牌形象與提升業績。

「然後，根據預設的客戶需求可知，自家公司缺乏保全系統的交易績效，勢必成為商談中的瓶頸。此時切忌逆勢而為，而是經過驗證，確認保全系統無誤以後，再建議客戶實際運作。無論如何世上沒有百無一失的保安系統，事前的驗證等於讓客戶吃了一顆安心丸。

「如果自家公司的條件無法滿足客戶的需求，只要能夠談成生意，即便與競爭同業聯手也應該在所不惜。」

而④⑤⑥如下頁圖表20所示，便是終結的攻防分析。

而業務專案（攻略計劃的擬定）的描繪需要的是三二一分析法的分析區塊。這些步驟或許需要時間適應。幸運的是，日後一旦遇到相同的業界或分類，總體環境與競爭對手等市場情報，便能應用。

拉開敵我差距的小撇步

除了以上解說的業務專案以外，另外還有一個談生意時的「小撇步」提供各位參考。

商談的事前準備時間有限，難保面面俱到，因此，重點在於懂得取捨，以便達成事半功倍的績效。

1. 事業規畫的視野

接下來是根據先前介紹的三二一分析法的區塊思考一年後，甚且三年後客戶

圖表20　透過 2C 找出生意的勝利方程式

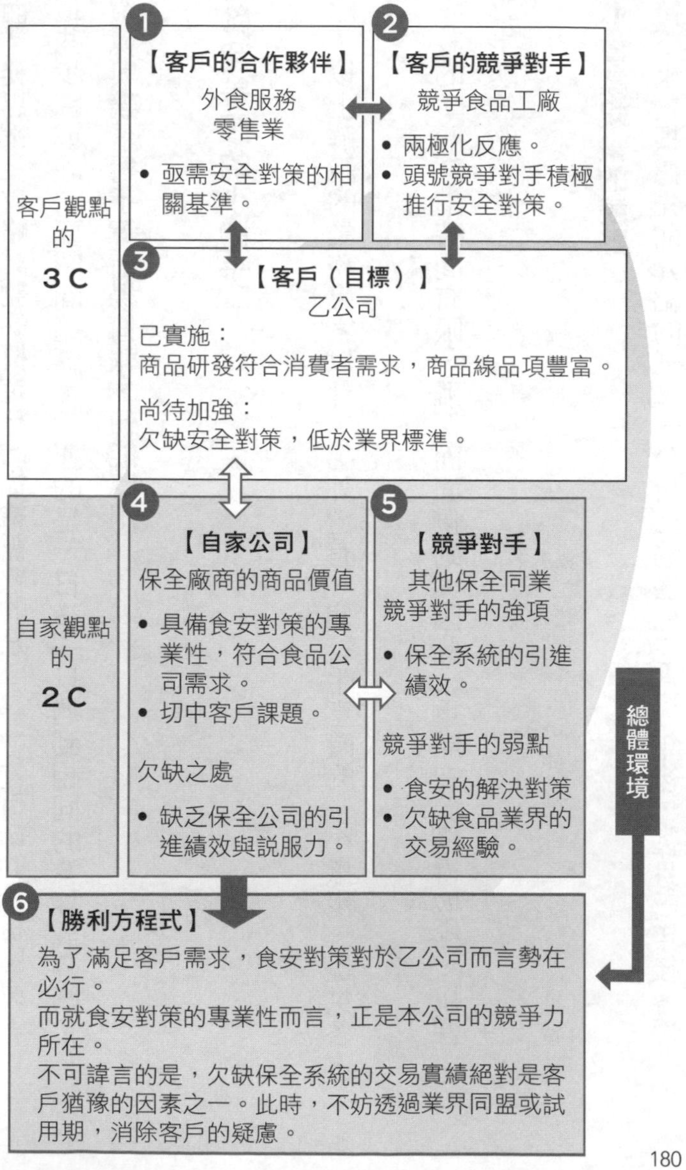
客戶觀點的3C
1
【客戶的合作夥伴】
外食服務
零售業
• 亟需安全對策的相關基準。
2
【客戶的競爭對手】
競爭食品工廠
• 兩極化反應。
• 頭號競爭對手積極推行安全對策。
3
【客戶（目標）】
乙公司
已實施：
商品研發符合消費者需求，商品線品項豐富。
尚待加強：
欠缺安全對策，低於業界標準。
自家觀點的2C
4
【自家公司】
保全廠商的商品價值
• 具備食安對策的專業性，符合食品公司需求。
• 切中客戶課題。
欠缺之處
• 缺乏保全公司的引進績效與說服力。
5
【競爭對手】
其他保全同業
競爭對手的強項
• 保全系統的引進績效。
競爭對手的弱點
• 食安的解決對策
• 欠缺食品業界的交易經驗。
總體環境
6
【勝利方程式】
為了滿足客戶需求，食安對策對於乙公司而言勢在必行。
而就食安對策的專業性而言，正是本公司的競爭力所在。
不可諱言的是，欠缺保全系統的交易實績絕對是客戶猶豫的因素之一。此時，不妨透過業界同盟或試用期，消除客戶的疑慮。

的事業規畫——換句話說，就是從中長期出發的業務觀點。

就如同我前面提過的，凡是客戶「不在意」的項目，大多數無交易的可能。單單局限於現況模擬課題的話，便無法準確的發問或提示，以便掌握客戶的心理層面。其中，從模擬架構的階段描繪未來的事業版圖，都能讓停滯的商談有一個轉圜的契機。

例如從「客戶的焦點一年後有些什麼變化？」、「一年後的競爭對手是否越戰越勇，拉開距離？」等觀點填寫各個區塊，繼而模擬課題。

在眾多調查方法中，我特別推薦IR（Investor Relations，投資人關係）資訊。因為上市企業所公布的IR資訊，大多詳細記載該公司目前所面臨的課題或未來的展望等，簡直是資訊的寶藏。

問題是未上市公司的IR卻是內部資料，外部無法一窺業績或問題點。然而，各位也無須因此放棄，因為所謂IR資訊不僅限於目標客戶，凡是與目標客戶相同業界的話，其他上市企業的IR資訊自然可見微知著，察覺出業界的動向與課題，研擬商談的課題。

話說回來，從此切入的業務員卻少之又少。

例如商談中，利用其他公司切入：「我知道〇〇公司是貴公司的競爭對手，便上網了解了一下他們的中期經營計畫。其中，變化最大的是用戶的需求，特別是『全面數位化』被列為三年內的重要課題。不知道貴公司的用戶需求是否也出現同樣傾向嗎？」

必然給客戶留下「真的假的？」的深刻印象，從此建立自己在客戶心目中的地位。

所謂生意不成仁義在。即便此次生意無法成交，「一旦客戶遇到難題，也會第一個想到自己」，絕對有利於日後的業務推廣。

2. 從客戶的競爭對手身上蒐集資訊

商談時，一旦涉及競爭對手的問題，例如：「請問貴公司的競爭對手是哪些公司？」或「相較於競爭對手，貴公司的強項或弱點何在？」等，大部分的客戶都習慣往自己臉上貼金。

特別是一臉稀鬆平常的回說：「嗯，我們家還真的沒有什麼競爭對手。」時，大多數是睜眼說瞎話，或者說是這些客戶搞不清狀況罷了。

而我的應對做法是深入敵營，以顧客的身分洽詢，試圖接觸客戶的競爭對手，藉此比較客戶與競爭對手的強項、弱點與銷售重點。

如此一來，就能從客戶的隻字片語中，察覺出矛盾之處。總而言之，就是透過競爭對手的資訊，重啟雙方的話題。

例如：「老實說，基於市場調研，我也跟貴公司的競爭對手○○公司接觸過。根據他們的說法，他們家的強項是□□方面。我覺得這好像與貴公司的認知有些出入。」

你一旦從這點切入，客戶的態度必定有所改變，不再拒人於外，而是展現出想進一步合作的興趣。

3. 實際調查與訪談

同樣的，除了預設客戶的課題以外，去現場走一圈掌握實際狀況，也是一種有效的業務手法。

例如目標客戶是外食服務業的話，相信大多數的業務員在上門拜訪前，都會去餐廳吃上一回，查探虛實。除此之外，餐廳的地點或建築物周邊的資訊、客戶的辦公大樓、員工多寡或氛圍等也都是調查對象。

透過活生生的資訊，便能根據事實製造話題或訴求，有時還可能成為生意成交的王牌。

4. 問卷調查

因為新冠疫情的影響，線上或遠端商談成為另一種銷售模式。其中，隨之而起的「事前問卷調查」也可以善加利用。事實上，這項問卷調查是賽雷布利克斯開拓新客時的必要流程，因為若能**從問卷調查中察覺到客戶關心的事項或現況，便能縮小業務員摸索的範圍，進一步整合客戶所面臨的課題。**

除此之外，事前問卷調查的魅力在於，客戶本身「確認自家公司的現況」。即便是面對面的拜訪客戶，也不能確保客戶每一句話的真實性，因為「或許……」或者「說不定……」之類的語句幾乎是客戶的口頭禪。

因此，在拜訪客戶前做問卷調查，反而有利於讓客戶重新審視認識自己。相信部分讀者此時心中一大堆問號：「讓客戶事先準備？太失禮了吧！」這種想法雖然不難理解，但反過來想，讓日理萬機的客戶將時間浪費在「毫無意義的商談」才是失禮。

由此可知，事前問卷調查對於雙方而言，是提高商談效益的第一步。

02 策略性破冰，跟誰都能聊不停

有了前面的準備以後，接下來終於進入商談流程。接觸對方後的第一步「拉近距離」可以說是商談的基礎。

在拉近距離的流程中，重點在於**引導客戶信任自家公司、商品或服務，甚至是業務員本身**。換句話說，這個階段的任務是讓客戶將業務員當成「值得信賴的諮詢對象」。

話說回來，對於從未謀面的客戶，該如何跨出第一步，才能建立客戶對自己的信賴呢？

在攻研業務技巧以前，首先讓我們對於整個流程有一個概念。拉近雙方距離的最終目的是取得客戶的信賴，其中的關係便可彙整成下頁圖表21的四大步驟。簡而言之，如下：

步驟一：第一印象的準備（事前準備作業）。

步驟二：消除隔閡（致意、交換名片或破冰）。

步驟三：引發興趣（提點來意或確認主題）。

步驟四：建立信賴感（公司或商品與服務介紹）。

在此階段便是透過以上四大步驟，建構吸引客戶的商談基礎，此環節的有無會影響下一個流程的走向，也就是左右「需求分析」（設定課題）的成果。課題的設定必須基於客戶的本意或客觀的事實。因此，**成功拉近雙方距離以後，還必須在客戶心目中建立「值得諮詢」或「可靠」的印象**。對於業務員而言，則是轉圜客戶原本拒人於外的態度，成為「好商量」的生意夥伴。

接下來就讓我逐一說明每一個步驟的重點與注意事項。其中，良好的第一印象

圖表21　拉近商談距離的四大步驟

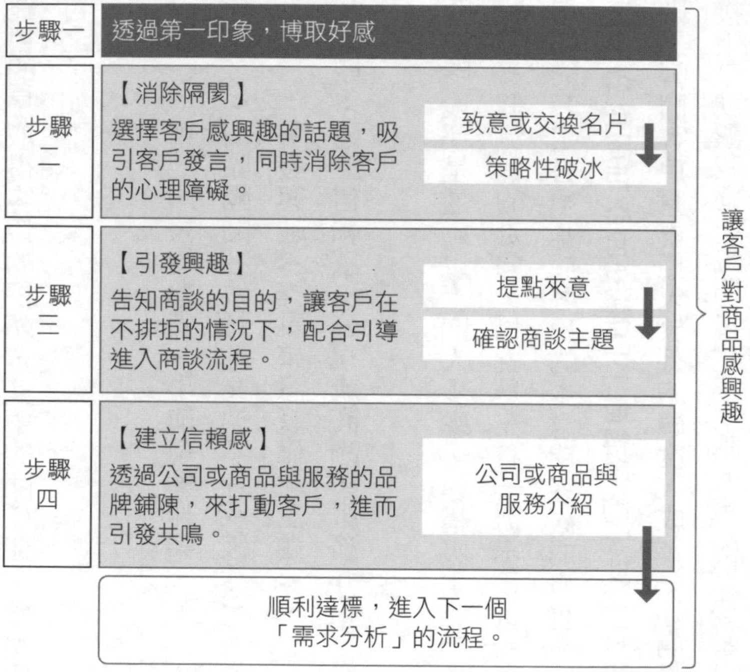
步驟一
透過第一印象，博取好感
步驟二
【消除隔閡】
選擇客戶感興趣的話題，吸引客戶發言，同時消除客戶的心理障礙。
致意或交換名片
策略性破冰
步驟三
【引發興趣】
告知商談的目的，讓客戶在不排拒的情況下，配合引導進入商談流程。
提點來意
確認商談主題
步驟四
【建立信賴感】
透過公司或商品與服務的品牌鋪陳，來打動客戶，進而引發共鳴。
公司或商品與服務介紹
順利達標，進入下一個「需求分析」的流程。
讓客戶對商品感興趣

對於業務員來相當重要，相信無須我贅言。

在第二章的「掌控第一印象」的環節中，我曾說：「整潔的外表也是給予良好印象的策略之一。」因此，建議各位在拜訪客戶前，最好預留十分鐘，檢視一下自己的服裝儀容，以便儀容整潔的出現在客戶眼前。

當見到客戶，打

過招呼或交換名片以後，便是暖場的破冰時間（Ice Break，和緩緊張氛圍的社交對話）。所謂破冰就是消除客戶的心理障礙，讓商談順利進行的業務手法。

談到人際溝通中的破冰，不少人會覺得「閒聊」就是建立關係或拉近距離的捷徑。然而，如同字面的意思，如果僅限於閒聊的話，怎麼會是拉近雙方距離的第一步呢？

正確來說，破冰不是東家長西家短，而是根據商談流程有意為之的步驟，因此，缺乏功力的人最好藏拙，不要輕易嘗試。

對於客戶而言，業務員登門拜訪時，雙方的溝通叫「談生意」，特別是開拓客源時，尤須謹記，**無關緊要的閒聊等同浪費客戶的寶貴時間**。

反過來說，倘若懂得善用破冰的談話技巧，則是業務銷售的一項利器。試想，真材實料的專業知識與銷售技巧，加上「有意為之」的破冰話術，便像是心電感應般，讓客戶下意識的接收業務員傳達的盛情。

不過，說來簡單，實際上又該怎麼操作呢？其實也不難，只要掌握以下重點即可：

×日常生活的訊息（如氣象、景氣或時事等）。

○與客戶相關的議題。

總而言之，就是引發客戶「交談的興致」。例如，避免日常生活的閒聊或時事問題，從客戶感興趣的話題開始。

遵照顧問式行銷流程，各位必然在業務專案中，透過客戶獲得不少業界資訊。因此，不妨根據客戶的事業模式或想法，加上自己印象深刻或有感而發的部分作為話題。

類此屏除商業計算，發自內心的訊息若能達到戀人般的熱線效果，客戶的態度必定迥然於先前的冰冷，能欣然以對業務員的一言一語。賽雷布利克斯將這種業務手法稱為「策略性破冰對談」。

例如：「老實說，我也小小研究一下貴公司的這項服務。其中，最讓我佩服的是，竟然能夠抓出日常容易疏忽的問題並加以改善。這麼棒的設計，真的應該多加宣傳。我相信市場反應也一定不錯吧。」等。

所謂的破冰不是聊「最近天氣不錯啊」之類的，而是由傳達自己對客戶的公司或商品的正面評價，作為談話的敲門磚。

不過，切忌操作過度，因為拍馬逢迎絕對無法引發客戶的共鳴。重點在於，談話的內容必須出自於自己感同身受。

除此之外，一旦引發客戶的共鳴或者一開始便炒熱氣氛，還能達到業務員對於商談的設想結果。就某種層面而言，策略性破冰對談等於是幫助業務員踩油門一路前進。

如果想緩和一下緊張的氣氛，利用閒聊建立人際關機或拉近距離的話，不妨在談完正事以後，輕鬆聊個兩句。

例如談完生意後，**利用在電梯大廳或門口與客戶道別的幾分鐘，或者在談完生意後，輕鬆的切入：「對了，雖然是題外話，您知道……。」之類的話題，能緩解雙方緊張的氣氛。**

當打過招呼、交換過名片，透過破冰對談，接下來便要進入正題，點明此次拜訪的目的，介紹自家商品或服務，吸引客戶進一步商談的興趣。此時，必須準備充滿吸引力的說詞，讓客戶對於自己或自家公司的商品另眼相看。

首先，我想請教的是，各位大概花多少時間介紹公司或商品與服務呢？當然，時間的多寡也因客戶的感受而異，不過，一般說來「七分鐘」已是極限。以初次登門拜訪為例，自說自話的嘮叨上十分鐘就討人嫌了。

首先，推銷的開場白切忌鉅細靡遺的一一介紹自家公司或服務的資訊，而要預留些許想像空間。其他商品什麼的接下來慢慢說明即可。

在未能弄清楚客戶的採購標準以前，沒頭沒腦的推銷商品，就是賣方的一廂情願。因為所有自以為是的說明，對於客戶來說或許又臭又長，浪費時間。

1. 語調與鋪陳

我倒是有個小心得可與各位分享。那就是透過語調與鋪陳打動人心。

所謂的語調也就是說話的緩急，換句話說，切忌單調，以免讓客戶失去興趣。就如同搭乘雲霄飛車一般，不是一條線走到底，而是有起伏的讓遊客感受刺激的快感。

由此可知，業務員的推銷話術如果走沉穩的路線，怎麼可能引起客戶關注？因此，**注意語調的強弱，讓客戶有意猶未盡的感覺**，才是推銷的目的所在。其中，語調的重點在於：

- 說話的速度。
- 聲量的大小。
- 肢體語言。
- 說話技巧。

例如，注意說話速度的快慢或聲音大小等；強調主語、單詞或連接詞等，其他部分則按照平常的速度帶過（亦即製造高低起伏，避免單調無趣），一旦客戶大致了解重點訊息，必然加速客戶的理解速度。

除此之外，還必須注意說話內容的脈絡。具體而言，指的是邏輯、前後關係，其中，需要加入一些連接詞，例如：

「敝公司之所以能夠作為業界的龍頭，其實是因為要求工程師的標準比其他公司來的嚴謹，同時這方面的投資也從不手軟。最重要的是，所有工程師都必須參加職場實習，實際體驗業務與設計部門的職務，以確保研發出來的服務符合用戶需求，避免曲高和寡。

「多虧這些努力，讓我們推出的服務廣受好評，客戶的續約率甚至高達九八％。建立起口碑以後，再透過客戶口耳相傳，逐漸拓展市場，才能奠定今天的地位。」

如上所示範的話術，善用語氣中的「起承轉合」，同樣的一套說辭瞬間充滿生氣，不再枯燥乏味。

各位在上門拜訪客戶前，不妨打個草稿，思考投售文案的起承轉合，從頭順過一遍以後，再從結尾往回看。當正、反向都說得通又找不出語病時，基本上就過關了。

2. 理性與感性的相互作用

前面說過開場白不宜超過七分鐘。換句話說，就是在有限的時間以內吸引客戶的興趣，同時建立信賴感。其中，最具效率的手法無非是「理性」與「感性」資訊雙管齊下，達到相輔相成的效果。

所謂理性的資訊指的是賣方的績效或實證。例如：客戶數高達一千多家、與知名的本土企業長期合作、榮獲第××屆卓越企業獎、正職員工達一千名以上、公司創始人來自美國五巨頭的〇〇公司，或去年度的業績高達一百億日圓等。

所謂理性資訊就是一翻兩瞪眼，是貨真價實的績效或實證。然而，這些缺乏溫度的資料很難讓客戶有合理的判斷，倒不如說是過度操作，反倒有老王賣瓜，自賣自誇的嫌疑，讓人懷疑其中的真實性。

所謂人同此心，心同此理。不論是誰，只要自己被人連珠炮似的自說自話轟炸，大概都不會有好臉色。所以才需要加入感性資訊調和，直白的說，就是打造品牌故事。

例如：自家公司為何針對〇〇問題，貢獻一份心力或創業的初衷、持續至今都被列入○○成員的理由等，也就是藉由一些小故事，讓客戶對自家公司、商品或服務產生共鳴。

賽雷布利克斯對於介紹公司的投售文案也是謹守語調的強弱，同時透過理性與感性的相輔相成，以便讓客戶的情緒產生戲劇性波動。實際操作如同左頁圖表22所示。

事實上，大多數的投售文案總是急於展現自家的商品或服務，而不知從「背景」切入。

話是這麼說，不過所謂的故事性當然要有起伏，否則如何打動人心？因此，投售文案不應專走理性路線或打感情牌，而是剛中帶柔、柔中帶剛兩者並濟，讓投售文案或商談話術宛如經典的八點檔般動人心弦。

除此之外，**理性傳達時語調要沉穩細緻；感性傳達時則隨著情緒，讓語句抑揚頓挫。**

相較於一板一眼的理性內容，生動活潑的介紹更能打動人心。

有些業務員在介紹技術性商品或公司講得頭頭是道，但能不能照單全收因客

圖表22　一開始介紹自家公司與商品時，如何打動人心？

介紹自家公司、商品或服務時，可以參考8點檔連續劇。文案內容除了公司概要、商品或服務的功能以外，更應該適時的穿插背景由來或不為人知的小故事等。透過成功與失敗的經驗加上戲劇性的編排，讓客戶感同身受的想：「不是吧，怎麼會這樣呢？」或者「哎呀，可不是嗎！」等，深陷其中而不自知。

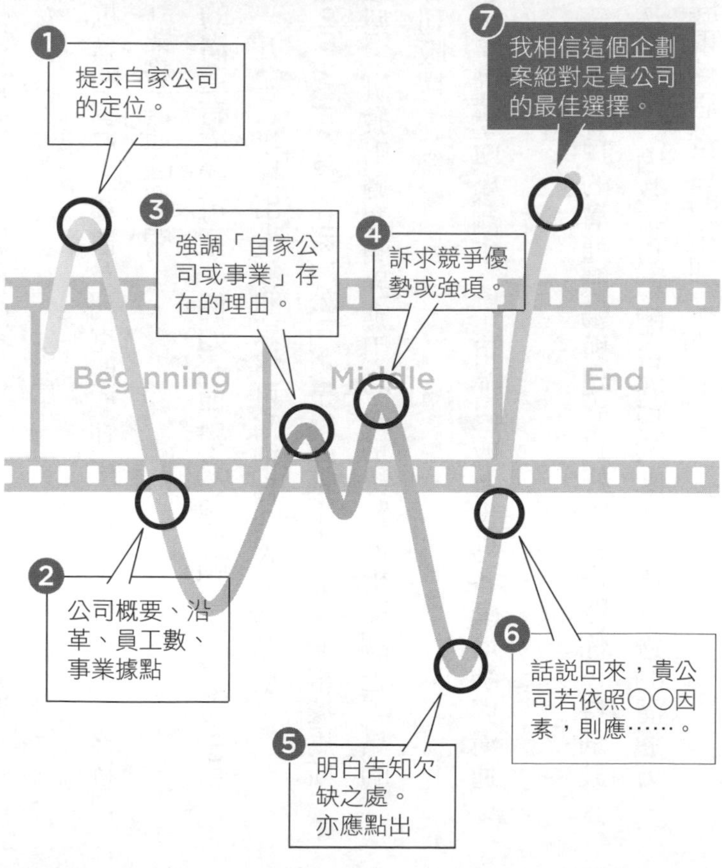
1 提示自家公司的定位。
2 公司概要、沿革、員工數、事業據點
3 強調「自家公司或事業」存在的理由。
4 訴求競爭優勢或強項。
5 明白告知欠缺之處。亦應點出
6 話說回來，貴公司若依照〇〇因素，則應……。
7 我相信這個企劃案絕對是貴公司的最佳選擇。
Beginning
Middle
End

戶而異，因此，我們才常會遇到有聽沒有懂的情況，然後感嘆：「不是吧，大哥，能不能說句人話呢？」

為了解決這種雞同鴨講的窘況，賽雷布利克斯便利用「DiSC®」人格特質分析與調查工具，設計業務溝通的型態[7]。

事實上，關係融洽的溝通有模式可循。例如心理學家馬斯頓博士（William Moulton Marston）便於一九二八年提出人類的感情可歸納為四大人格類型。

美國的約翰威立（John Wiley & Sons）公司更是早在幾十年前，便根據馬斯頓博士所提出的四大類型，研發出適合商界應用的人格特質分析與調查工具的DiSC®，同時擁有專利版權。

DiSC®涵蓋最新的心理學與檢測手法，目前已成為世界各國培訓與溝通課程的必備工具。

賽雷布利克斯為了確保與客戶的溝通順暢與建立良好的合作關係，特別鼓勵業務員善用DiSC®的思維。因為，只要配合客戶的脾性選擇合適的溝通方法，即便是奧客，也會展現慈眉善目的一面。

1. 人格特質大於溝通型態

在這各種分析或評估工具氾濫的時代中，ＤｉＳＣ®之所以特別適用於業務銷售領域，其重點不在於「人格特質的分析」，而是有效掌握對方「喜好的溝通模式」。

因為談生意又不是交朋友，個人的喜愛好惡與客戶毫無相關。反倒是凡事以客戶為出發點，思索如何營造良好的溝通氛圍，那種類型的業務員才懂客戶的口味等，也就是說懂得包裝的人才能轉守為攻，立於不敗之地。

接下來，讓我帶領各位何謂ＤｉＳＣ®的四大人格特質與實際操作模式。（詳見下頁圖表23）。

事實上，往下細分的話，還可以分成十二種人格特質。但話說回來，這又比不上面相大師的絕活，即便分析工具如何高超，也無法在短短幾分鐘內便將對手

7「ＤｉＳＣ®理論」的人格特質分析工具隸屬約翰威立公司版權所有。本書內容取自賽雷布利克斯根據ＨＲＤ公司提供的「Everything DiSC® Workplace」加工後的資訊。作者曾參與該公司的「ＤｉＳＣ®認證課程」並取得認證資格。

圖表23　DiSC®人格特質與四大溝通類型

自我中心

趨於理性

趨於感性

D (Dominance)
掌控型

唯我獨尊派

- 說做就做、速戰速決。
- 自說自話、有話直說。
- 不服輸，勇於挑戰。
- 成王敗寇論的支持者。

i (Influence)
影響型

與人為善派

- 開朗活潑，八面玲瓏。
- 樂於交際。
- 情感豐富，積極正向。
- 缺乏耐性，稍嫌粗心、大意。

C (Conscientiousness)
嚴謹型

實事求是的慎重派

- 行事縝密且慎重。
- 講究計畫與流程。
- 唯恐失誤。
- 自以為是的分析者。

S (Steadiness)
沉穩型

善體人意的合作派

- 助人為樂。
- 不擅長發表意見。
- 腳踏實地的努力。
- 安於現實，拙於應變。

低調含蓄

看的一清二楚。

就生意的場合而言，只要掌握以上的四種人格特質，也就足夠派上用場了。

2. 格特質的評析方法

人格特質雖然好用，問題是怎麼察覺客戶適合哪一種溝通模式？根據我個人的經驗，最糟糕的是，亂槍打鳥般試了再說的僥倖心態。正確的做法是縮小範圍，例如在四個選項中，找出其中「最接近對方的兩項特徵」。

舉例而言，素未謀面的客戶，卻熱情的與自己交談，就可以猜想不是「D類型的唯我獨尊派」，就是「i類型的與人為善派」。

不知如何判斷時，不妨採用四選二的二分法，也就是在「D／i」或「S／C」中二選一，縮小範圍後，便如同下頁圖表24所示，相對簡單許多。

接下來，在進一步交談以後，再從「D」、「i」、「S」與「C」中比較客戶傾向那一種人格特質。同樣的從四選二縮小為二選一。

比方說對方聲音宏亮又如機關槍般讓人插不進話，就可以猜想或許是「i的

圖表24　透過四選二，縮小預設範圍。

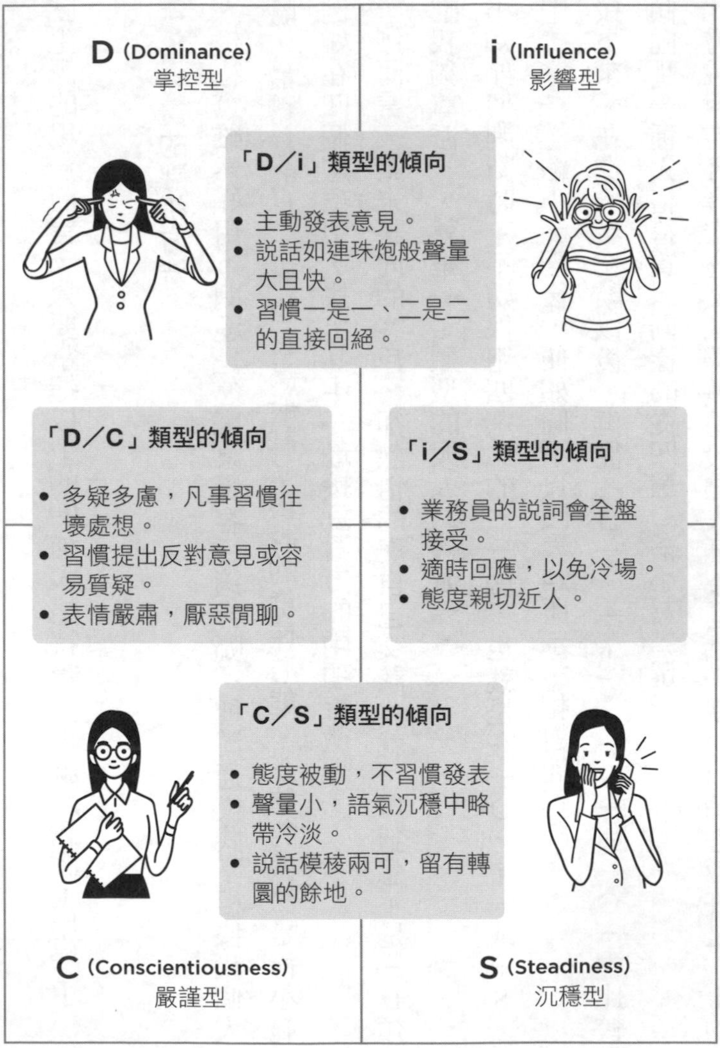
D (Dominance)
掌控型
i (Influence)
影響型
「D／i」類型的傾向
• 主動發表意見。
• 說話如連珠炮般聲量大且快。
• 習慣一是一、二是二的直接回絕。
「D／C」類型的傾向
• 多疑多慮，凡事習慣往壞處想。
• 習慣提出反對意見或容易質疑。
• 表情嚴肅，厭惡閒聊。
「i／S」類型的傾向
• 業務員的說詞會全盤接受。
• 適時回應，以免冷場。
• 態度親切近人。
「C／S」類型的傾向
• 態度被動，不習慣發表
• 聲量小，語氣沉穩中略帶冷淡。
• 說話模稜兩可，留有轉圜的餘地。
C (Conscientiousness)
嚴謹型
S (Steadiness)
沉穩型

影響型」。接下來以此為基礎，調整出符合客戶的溝通模式。

然而必須注意的是，所謂溝通模式也是可以根據經驗或技巧修正。因此，客戶一開始展現的人格特質也不能盡信，以免被誤導而失焦。總而言之，DiSC®雖然好用，也僅限於「輔助」。

3. 配合客戶的人格特質溝通

有了以上的心理學基礎理論加持以後，接下來讓我們進一步了解如何配合客戶的人格特質，找對溝通方式。

●「D：掌控型」的溝通模式（詳見第二〇七頁圖表25）

對於主控性強的D類型的客戶而言，必須掌握有問必答的溝通原則。簡單的說，就是問什麼說什麼，切忌畫蛇添足。這一類型的客戶不講究天花亂墜的場面話，只在意成果，因此商談時，直接告知自家商品能帶來什麼好處，反而有利於客戶決斷。

●「i：影響型」的溝通模式（詳見第二〇七頁圖表25）

這個類型的客戶大多善於交際，也習慣主導話題、容易溝通，甚且不抗拒業務員的提問或者切磋。

唯須注意的是，i型的客戶容易跳脫對話主題，因此必須時不時的「控場」。面對這種人格特質的客戶，宜由業務員導引話題或商談的走向，以免話題最後導向不知所云的方向。

一旦任此類型的客戶講東講西，往往就是白白浪費時間的無功而返。除此之外，即便商談的氣氛熱烈，自己的一言一行也全都落在客戶眼裡，些微的疏忽都可能讓客戶心生不滿而功敗垂成，讓氣氛一下子降至谷底。

●「S：沉穩型」的溝通模式（詳見第二〇八頁圖表26）

這種類型客戶因為親切近人，可以說是業務員的最愛。反過來說，這種和善的態度並非因人而異，因此一場商談下來，也很難察覺出客戶的意向。

S類型的客戶本來就不善於拒絕或否定別人的意見。因此，常發生業務流程順風順水，卻拿不下訂單的搖擺案件。

除此之外，S類型不習慣主動提供意見或資訊。因此，業務員必須詢問客戶是否有擔心或疑慮的問題點，以便適時安撫。

●「C：嚴謹型」的溝通模式（詳見第二〇八頁圖表26）

C類型的客戶追求效率，厭惡一切浪費時間的溝通。面對這種人格特質的客戶，破冰對話什麼的當能省則省。

在人際關係方面，也不在意外界對自己的評價。給人的第一印象常常是「公事公辦，缺和親和力」、「交換名片時，看也不看業務員一眼」或「說話有氣無力」等。

因此，就業務員的角度來看，或許會覺得跟對方「說不上話」或者「脾氣不好」的錯覺。但事實並非如此，這類型的客戶不過是將注意力集中在業務員的推銷內容或市場資訊罷了。

有時因為客戶沒反應，不免讓業務員有唱獨角戲的感覺，然而，沉默正是他們在評估或思考問題的證明，此時，切忌為了炒熱氣氛而在一旁絮絮叨叨，否則反而弄巧成拙，干擾客戶的思緒，引來不快。

碰到C類型的客戶記得留給他們一點考慮的時間。

以上就是在商談中，DiSC®的應用與關係說明。各個類型客戶的人格特質，請參閱左頁和第二〇八頁圖表25、圖表26的說明。因篇幅有限，有關DiSC®的說明僅此帶過，有興趣進一步了解的讀者不妨參考相關書籍。

圖表25　D／i 型客戶的應對模式

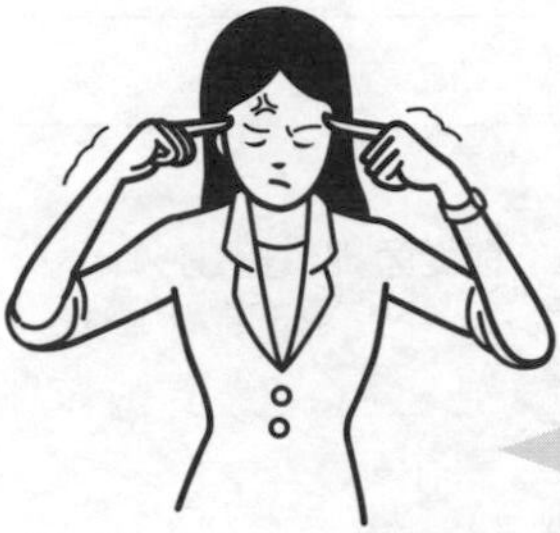

D 型的人格特質

☑缺乏耐心，習慣逼問「所以呢」或「重點是什麼？」
☑不吐不快，常追根究底。
☑主觀意識強烈，往往一句話便回駁業務員的提案。

① 一清二楚的單刀直入、從結論切入
簡單明瞭的說明來意，避免參雜不必要的情緒。溝通時，掌握推銷重點。

② 展現霸氣
適時的回擊，反而讓客戶另眼相看。在不惹毛客戶的情況下，展現業務員的霸氣。

③ 提供選項
準備2到3個方案，讓客戶享受選擇的滿足感。

i 型的人格特質

☑聲量大或肢體語言誇張。
☑習慣自說自話或樂在其中。
☑對於感興趣的事物滔滔不絕的發表意見，又容易脫題。

① 朝三暮四的性格
一旦有意下單，立即出手。
並非刻意敷衍，卻容易三心二意。

② 順勢而為與營造氛圍
一旦客戶脫題，要技巧性的回應並拉回主題。

③ 避免在數據上作文章
此時的數據如同「佐料」般，切忌喧賓奪主，灑上幾滴即可。

圖表26　S／C 型客戶的應對模式

S 型的人格特質

① 不善於決策，宜從旁提供諮詢
例如表達善意：「不介意的話，讓我也提供一點意見？」

② 缺乏效率
一旦沒有回覆不代表客戶敷衍，極可能是遇到問題。此時，宜從掌握事實著手。

③ 不在意商談結果
注重彼此的資訊分享。即便扮演傾聽的角色亦能達到效果。

☑即便毫無興趣，仍然禮貌性的點頭示意或表達同感。
☑善於交際，卻又謹守分際。
☑凡事保留餘地。善用緩衝語句。

C 型的人格特質

① 配合客戶的情緒
客戶暫時的沉默有時只是「資訊的整理」。此時不必要的說明反而引來不快，影響商談。

② 透過案例與數據，加強說服力
C型客戶大多主觀意識強烈。提供數據、案例或證據等作為佐證。

③ 設定交期（截止日期）
習慣思前想後，遲遲無法決策。宜設定回覆日期作為跟催。

☑撲克牌臉，看不出喜怒哀樂。
☑不輕易發言，時常製造尷尬時刻。
☑輕聲細語且缺乏肢體語言或資訊。

03 設定話題的三加七公式，不再雞同鴨講

接下來終於來到展現業務能力的精髓之處，也就是「設定課題」的流程。事實上，這個階段也是勝者與魯蛇的分水嶺。

凡是拿不到訂單的業務員，總喜歡推託：「欸，今天的客戶說他們家什麼都不需要。」這句話本身就有語病，就如同只要是江湖必有糾紛的道理，開門做生意又怎麼可能順利，沒有需要解決的問題呢？

正確的說法應該是：「對不起，我沒摸清客戶的狀況，問又問不出什麼，所以不清楚客戶的需求。」

需求分析（Fact Finding，設定課題的能力）就像X光線一樣，讓業務員無所

遁形，就某種層面來說，也可以看成神級業務能力。

就字面上來說，「Fact Finding」就是掌握事實的意思。一般而言，提案型行銷習慣在拉近雙方距離以後，於訪談中找出相關線索。然而，賽雷布利克斯卻背道而馳。

那是因為訪談就像醫生問診般問東問西，凡是在三言兩語的訪談中，便能完美鎖定課題，無非是客戶習慣未雨綢繆，便是有急切的需求。問題是推播式行銷的客戶大多看不出有什麼問題或需求，此時的訪談就如同大海撈針般毫無意義。

話說回來，就積極面而言，凡是成績傲人的業務員對於客戶的一言一行絕對抱持懷疑的態度。例如從客戶的言談中，探查出真相：「有這麼一回事？應該是道聽塗說的吧。」或者「不對，他們家絕對沒有表面上看起來這麼簡單，不過會有些什麼需求呢？」

對於頂尖業務來說，所謂需求分析並非打探出客戶所面臨的課題，而是視為團隊合作的一環，作為客戶的左右手，陪同發掘課題。

為了發揮左右手的功能，必須透過詢問發現客戶的課題與細心聆聽的態度

（詳見下頁圖表27）。

那麼，該如何鋪陳才能發現客戶的課題呢？以前面提過的甲公司為例，學習實務面的應用方法。事實上，訪談時的詢問方法也不是一成不變，而是有不同的類型。

首先，是直球對決型，也就是事先準備詢問內容或確認項目，範例如下：

「請問貴公司目前有採取保安對策嗎？」

「目前貴公司裝設幾臺監控器呢？」

其次是確認型，也就是驗證客戶的課題是否與自己的預設相吻合。例如利用前面介紹過的三二一分析法框架，參照自己的預設，檢視或聽取客戶的意見，詢問範例如下：

「外食服務業的客戶中，特別是外商企業，應該對於廠商的食安對策越來越

圖表27　透過詢問與聆聽，陪同客戶發現課題

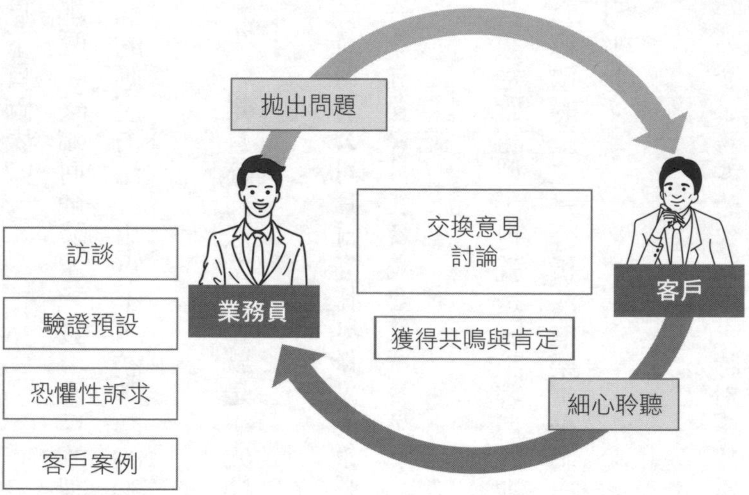

嚴格吧？」

「食品安全幾乎成為全民的共識，您不覺得企業在安心或安全方面的努力，有助於提升市場形象嗎？」

除此之外，雖然多少有一點風險，但**恐懼性訴求**（Fear Appeal，利用恐懼心理改變消費者心態）**也不失為一種行銷手法**。然而，必須注意力道以免適得其反。當正面進攻無效時，不妨打出恐懼牌，讓客戶意識到問題的存在。

詢問範例如下：

「如果發生問題的話，您覺得貴公司哪一個部分最不安全？」

「貴公司雖然有合作的保安公司，不過一旦發生任何問題的話，您覺得現在的措施說服的了消費者嗎？」

最後是客戶案例型。也就是透過閒聊提及其他客戶的案例，讓客戶意識到自家公司或許有同樣的問題或需求。詢問範例如下：

「說起來，食品業的客戶幾乎都在煩惱，怎麼採取合適的安全對策或保安系統。我想貴公司應該也一樣吧？」

「我們最近針對消費者對於冷凍食品的要求進行一項問卷調查。今天特地帶過來給您參考。您是不是覺得調查結果還滿讓人意外的？」

如同以上的範例一般，在探究客戶的實際情況或真正想法時，有時不妨採用迂迴戰術，以免不知如何開口。而此時，重要的是你聆聽的態度，要將客戶說的每一句話、每一個字仔細聽進去。

如果各位認為：「這不是廢話嗎？去客戶那裡當然是聽客戶說些什麼啊？」這麼想的人那就大錯特錯了。

因為只問自己想問的，對於客戶的回答不懂得回應或毫無反應的業務員一大堆。訪談時的聆聽，指的是對談中自然流露的興趣或關心，而不是業務銷售的溝通技巧。

除此之外，聆聽也是體貼客戶的表現，只知道連珠炮似的追問為什麼，只會造成客戶的壓力，絕對問不出任何有效的資訊。詢問範例如下：

● NG問法

業務員：「您覺得貴公司目前的保全對策足夠嗎？」

客戶：「還行吧。」

業務員：「為什麼呢？」

客戶：「因為監控器不是全方位監控系統。」

業務員：「為什麼呢？」

●正確問法

業務員：「您覺得貴公司目前的保全對策足夠嗎？」

客戶：「還行吧。」

業務員：「這樣啊，您為什麼這麼說呢？」

客戶：「因為監控器不是全方位監控，難免有死角。」

業務員：「原來如此啊。那您覺得應該怎麼改善呢？」

如同範例的對答一般，認真聆聽客戶的每一句回應，再將球丟回去。只要將心比心的考慮客戶發言的心情或用意，便會給客戶留下一個好印象，任何話題他都會敞開心胸的分享。

設定課題的三加七公式

業務員總以為課題的設定視企業的狀況而定，天差地別也是理所當然。殊不知其實有一定的道理可循，只要透過三步驟加上七項事實便能八九不離十。

就生意場合而言，所謂的課題說白了就是必須解決的問題或對策。不少人將問題與課題混為一談，其實細究起來，兩者是不同的概念。

問題指的是事情進展不順，與放任不管時帶來的負面影響。相對的，課題則是解決問題所採取的正面因應（參閱左頁圖表28）。

問題與課題雖然是兩回事，但在內容上必定有其關連性。就某種程度來說，將問題昇華為課題才是業務員的本分，清楚認知問題與課題的差異後，接下來的任務就是在商談中，透過三步驟與七項事實發現客戶的課題。

其中的三步驟指的是：

1.了解客戶的事業形態。

圖表28 問題與課題不宜混為一談

提案型商品		提案型商品
負面	狀態	正面
理想與現實的落差。 進展不順或不應該放任不管的狀態。	內容	必須解決的問題。 必要解決對策或措施。
• 事業計畫延宕。 • 接單量每個月低於10筆。 • 人手不足。 • 員工流動頻繁。 • 過去的聘僱方法無法吸引人才。	範例	• 確保人手，以便達成事業計畫。 • 確保接單量每個月能高於10筆。 • 盡快備齊人手。 • 調整業務型態，減輕業務員壓力。 • 與人才派遣公司合作。

2. 鎖定客戶面對的問題。

3. 設定客戶抱持的課題。

當透過以上三步驟與客戶達成共識以後，就表示業務流程中的需求分析過關。

不過，從客戶口中得知的情報還不足以作為設定課題的參考依據。如果探聽到的資訊全是不相關的表象，一旦你信心滿滿給出什麼建議，只會惹來客戶淡淡的一句：「那個啊？我們早就想過了。」讓人不知如何接話是好。

這時，便必須在商談中透過七項

圖表29　從三步驟中發現七項事實

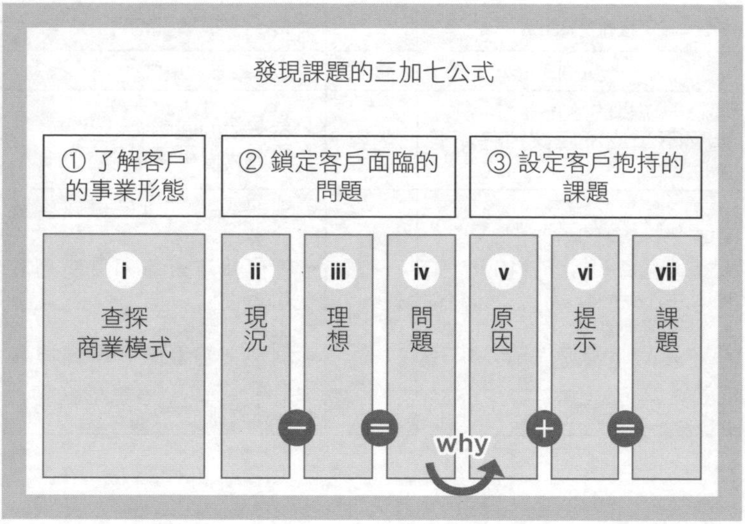

事實，發掘出客戶也未曾注意的「潛在需求」或「追求的事業形態」。

因此，設定客戶的課題時，三加一公式是最便捷有效的方法。其中的關連性就如同圖表29所示（①～③為步驟，i～vii為事實）。

只要按部就班的一一分析，便能將每一個步驟的漏網之魚一網打盡。接下來，我們來探討各個步驟中該怎麼溝通才能達到效果。

1. 了解客戶的事業形態

業務員該做的第一步是花時間了解客戶的商業模式。例如營運概念、客戶族群、主推商品等獲利模式或品牌價值等。此步驟的重點在於彌補營運概念或事業規畫等，無法輕易打探的內幕消息，讓自己對於客戶有更深一層的了解。

2. 發現客戶面臨的問題

接下來的步驟是比照醫師看診一般，依照「現況－理想＝問題（落差）」的公式發現客戶的問題所在。

話說回來，如果問題是理想與現實的落差，那麼理想減去現實不就能發現問題了嗎？遺憾的是，現實生活中只能從客戶口中問出現況，誰會將心裡的理想模式掛在嘴上？

倒不如將公式改為「現況－理想＝問題」。換句話說，就是掌握了客戶現況以後，再進一步打聽客戶的理想模式更為順理成章。

以甲公司為例，如果去某食品加工廠推廣業務的話，就應該參照公式從客戶口中找出答案。

●探聽客戶現況

「最近食安或異物混入的問題吵得沸沸揚揚，不知道貴公司有沒有什麼因應對策？」

「請問貴公司目前的保全對策是參考什麼標準？還是有其他特別的目的？」

「從安全管理的標準來看，您覺得這個對策可以打幾分？」

●探聽理想模式

「請問貴公司想在消費者心中，塑造什麼樣的品牌形象？」

「請問在貫徹貴公司的事業概念下，您最不希望安全管理或風險控管發生什麼意外？」

「所以您不覺得應該有一套『作業追蹤系統』，以了解作業員在哪個工作環節出了問題？」

● **現實－理想模式＝問題點**

「我個人認為就貴公司所追求的營業額、品牌號召力或市占率來看，在風險控管方面似乎稍待加強。例如目前的進出管理，因為缺乏作業追蹤系統，一旦發生任何問題，恐怕對消費者說不過去。

「有時候傳統的做法是不夠的，還需要考慮到意外的可能性不是嗎？」

以上就是從客戶的理想模式中，點出與現實之間落差的說話技巧。

話說回來，只要全力衝刺、鴻圖大展的公司，總會碰上大大小小的問題。**只要從客戶想怎麼做或該怎麼做的觀點切入，便能一眼看出當下的不足之處或障礙。**然而，即便讓問題浮出檯面，也需要在客戶的共識下，一一探究下去。否則，所謂的問題點不過是業務員自己一廂情願的想法罷了。

3. 設定客戶抱持的課題

最後一個步驟是設定課題，思索問題發生的原因與對策，以便解決前面浮出檯面的問題（與理想模式之間的落差）。

此時，套用的公式為「原因＋提示＝課題」。

● 鎖定原因的問法

「不知道貴公司在食安或保安對策方面的投資，有沒有什麼優先考量？」

「請問貴公司對這方面的投資不感興趣，是有什麼特殊的理由嗎？」

「為何目前貴公司作業員的工作環境，用不上作業追蹤系統？」

● 提示

「現在食安的問題正炒得沸沸揚揚。不論是從企業形象還是社會責任來看，食品安全的對策應該放在第一位。即便是整個食品業也應該籌備作業追蹤系統，甚至大幅宣傳，以便消費者吃得安心、用得實在。

「其實，作業追蹤系統是時代的趨勢。早一點實施的話，不僅降低風險，又能替品牌加分，簡直是一舉兩得不是嗎？」

● **設定課題**

「根據以上的結論，貴公司今後應該採取的對策是：

1. 盡早引進保安系統，以便打造風險控管與食安管理的品牌形象。
2. 引進最新的管控系統或概念，同時對外宣傳。
3. 此時的重點在於強化保安控管，與確保製造過程中的作業追蹤。

「以上就是我彙整的推廣計畫，不知道您意下如何？有沒有什麼需要修正或加強的地方？」

雖然不是每一種商談都適用以上的話術，不過，只要懂得套用公式，設定課題時缺少的元素便能一目瞭然，並能透過此模式與客戶達成共識。

需求分析可以說是業務流程中最重要的一環。因此，便占用一點篇幅介紹其他溝通方式。接下來的兩個圖表是「AI求才系統」的推銷案例。

其中，左頁至第二二六頁的圖表30是敷衍型的訪談，而第二二七至二二九頁的圖表31，是參照三加七公式發現客戶課題的案例。詢問方式對於課題設定的影響力簡直是高下立判。

我想應該有人注意到了，善用需求分析與溝通的話，客戶都變得好說話許多。事實上，只要按照七項事實一路問下去，不僅有助於雙方的溝通，同時更能技巧性的打探訊息。

話說回來，坊間關於業務銷售的書籍大多建議客戶與業務員對談，應該遵守六比四或七比三的比例原則。然而，就我個人的經驗而言，倒不用如此拘泥。因為這還得視商談內容、客戶的個性或課題而定。

因此，重點不再於說多少話或花多少時間交談。發掘出潛在事實，設定課題以便實現客戶心目中的理想模式。

除此之外，我也常在研討會中讓學員透過三加七公式，練習如何客戶的課題。沒想到不少學員表示：「企劃案必須的資訊，像是預算或由誰拍板定案什麼

圖表30　雞同鴨講的訪談

不知道貴公司現在缺不缺人手？
嗯，缺是缺，不過還應付的過去。（新人進來能不能做出業績還不知道呢。倒不如盯緊現在的業務員還比較實在。）
這樣啊，不過人力網上好像有貴公司的徵求廣告，不知道都需要些什麼職務，打算招聘多少人呢？（天啊……絕對不要打槍啊！）
嗯，業務部倒是人手不太夠，可能再找一個人進來吧。（什麼人力網的廣告？那不是一直掛在那裡嗎……？大哥，你是來亂的嗎？）
這樣啊，那貴公司希望新人什麼時候報到呢？（嗯，一個名額……看來還蠻有機會的。）
其實也還好，最主要是有沒有合適的人才。（大哥，你是聽不懂人話？）

（接下頁）

可不是嗎，我知道了。不過，話說回來上網應徵的人多不多？

馬馬虎虎吧。不過，我們也不急。（還有完沒完啊！這個人是鬼打牆了嗎？）

所以現在沒有公開招聘是嗎？（怎麼這麼難搞？不行，我得加把勁！）

對啊，暫時不需要吧。頂多是人力公司推薦的時候，面試一下罷了。

可不是嗎，其實現在招聘根本不用那麼麻煩，交給人力公司的話省時又省事（總算有突破口了！從員工的留任率切入吧。）

嘿嘿……應該是吧。（天啊，哪裡來的這位同學，簡直雞同鴨講。）

圖表31　透過七項事實尋求線索

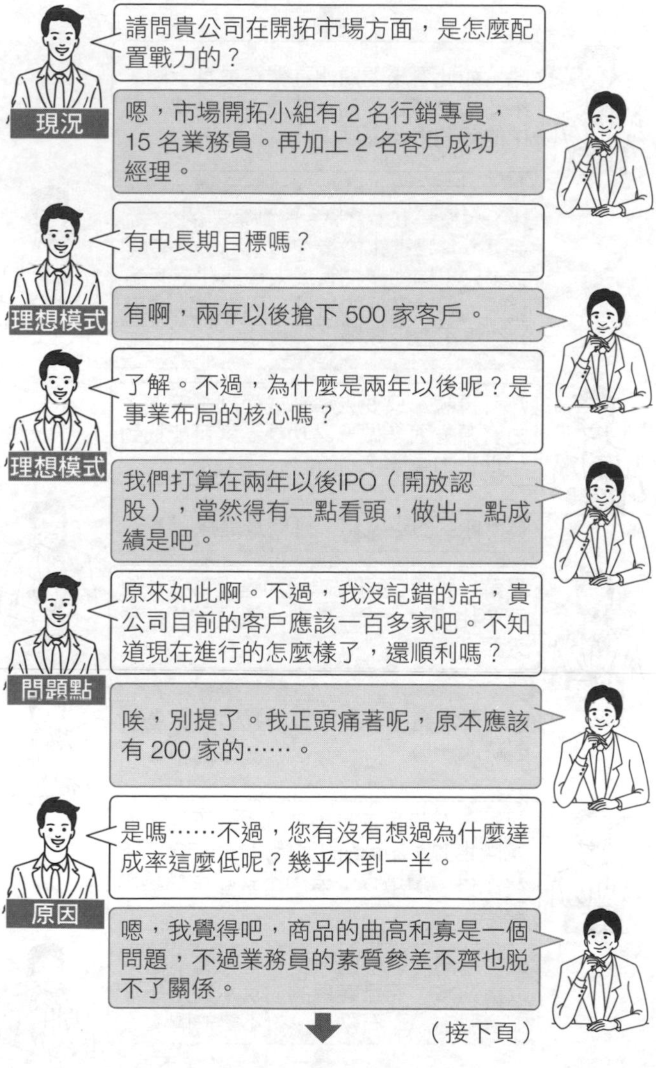
請問貴公司在開拓市場方面，是怎麼配置戰力的？
現況
嗯，市場開拓小組有 2 名行銷專員，15 名業務員。再加上 2 名客戶成功經理。
有中長期目標嗎？
理想模式
有啊，兩年以後搶下 500 家客戶。
了解。不過，為什麼是兩年以後呢？是事業布局的核心嗎？
理想模式
我們打算在兩年以後IPO（開放認股），當然得有一點看頭，做出一點成績是吧。
原來如此啊。不過，我沒記錯的話，貴公司目前的客戶應該一百多家吧。不知道現在進行的怎麼樣了，還順利嗎？
問題點
唉，別提了。我正頭痛著呢，原本應該有 200 家的……。
是嗎……不過，您有沒有想過為什麼達成率這麼低呢？幾乎不到一半。
原因
嗯，我覺得吧，商品的曲高和寡是一個問題，不過業務員的素質參差不齊也脫不了關係。

（接下頁）

↓

原因

嗯，如此看來問題出在業務員身上啊。不知道業績達標的業務員占了幾成？其中的落差很明顯嗎？

欸，大概是10比3吧。說到落差的話……其實進來的業務員也不是沒有經驗。只不過面試主管或人事部在招聘的時候，忽略客戶的特性。所以，找進來的都派不上用場罷了。

提示

那就是說，只要人事部或面試主管在人力資源方面多做一點功課，就可能找到一批生力軍囉？

嗯，你說的也沒錯，應該是這樣吧。

提示

了解。那貴公司有想過加強人事這一塊嗎？比方說，找一些有人資經驗的來獵人頭？

嗯……沒有吧。最主要的我們也不是那麼缺人……。

提示

是啊，或許目前是不缺人手。不過，您剛剛也說了2年後的目標是拿下500家客戶。再繼續這樣下去，不就離目標越來越遠？

欸，還滿有道理的。多一些強將不僅可以衝業績，而且客戶的成功案例還能增加說服力。一石兩鳥，挺不錯的啊。

↓

（接下頁）

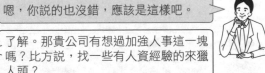

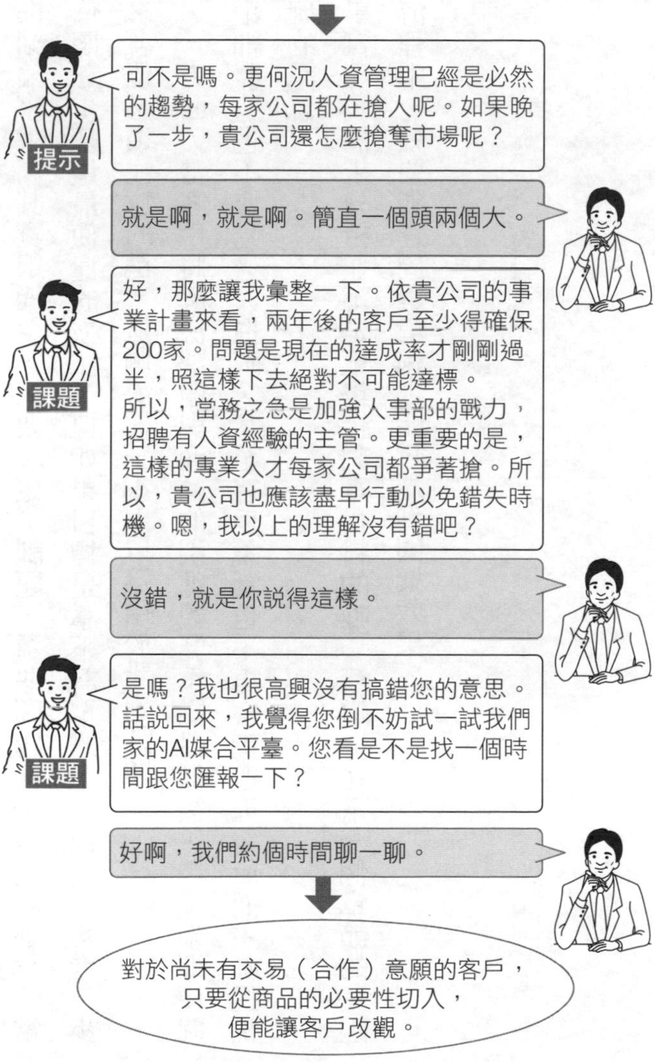
提示
可不是嗎。更何況人資管理已經是必然的趨勢，每家公司都在搶人呢。如果晚了一步，貴公司還怎麼搶奪市場呢？
就是啊，就是啊。簡直一個頭兩個大。
課題
好，那麼讓我彙整一下。依貴公司的事業計畫來看，兩年後的客戶至少得確保200家。問題是現在的達成率才剛剛過半，照這樣下去絕對不可能達標。
所以，當務之急是加強人事部的戰力，招聘有人資經驗的主管。更重要的是，這樣的專業人才每家公司都爭著搶。所以，貴公司也應該盡早行動以免錯失時機。嗯，我以上的理解沒有錯吧？
沒錯，就是你說得這樣。
課題
是嗎？我也很高興沒有搞錯您的意思。話說回來，我覺得您倒不妨試一試我們家的AI媒合平臺。您看是不是找一個時間跟您匯報一下？
好啊，我們約個時間聊一聊。
對於尚未有交易（合作）意願的客戶，
只要從商品的必要性切入，
便能讓客戶改觀。

的，不知道什麼時候發問比較好？」

從結論來說，其實很簡單，只要設定了課題，這些問題什麼時候問都行。當然，依照三步驟是最便捷的方法。但如果目標是拿下訂單的話，便需要想進一步探聽。各位必須注意的是，這個流程基本上只適用於設定課題。

另一方面，當客戶將解決課題與商品的引進視為重點目標後，接下來即便問的再鉅細靡遺也不容易遭人白眼，甚至客戶說話也不再含糊遮掩，反而主動提供你正確的訊息。

事實上，需求分析並不是蒐集企劃案材料的唯一管道。在下一個章節的「跟催」流程中，只要調查周邊情報也能夠達到同樣效果。

04 跟催：找出雙方都能接受的方案

就某種程度來說，**跟催等於與客戶的磨合**。因此，主要任務就是需求定義與規畫下一步的業務流程。

相較於需求分析的重點在於導引客戶對於課題的認知，跟催則著眼於以下三大要點：

1. 客戶容易接受的提案內容（需求定義）。
2. 提案的評估標準或部門主管（攻防資訊）。
3. 思考設定課題的進階流程（策略的下一步）。

或許有人看到這裡，一頭霧水的想：「這是什麼東東啊？」有這種反應的人如果總是拿不下訂單，算是咎由自取。因為但凡渾渾噩噩，搞不清楚訂單由誰拍板，或怎麼扭轉乾坤的話，要如何掌控商談的進度。

一、雙方的平衡點

首先，讓我們看一看何謂需求定義（requirements definition）。嚴格說起來，這是軟體研發的專業用語，也就是客戶下單時的「系統內容的需求」。**套用在業務銷售的話，就是指客戶在意的「提案內容」，重點在於交叉比對客戶的想法與業務員的提案內容，同時盡可能在兩者之間取得一個平衡點。**定義客戶需求時，大多比照下頁圖表32仔細推敲與交叉比對。

首先，比對客戶達成目的的中期目標與最終目標，決定提案內容走向等基本方針。

以宏觀設計（Grand Design）的整體計畫為例，如果提供給客戶的企劃案

圖表32　交叉比對需求定義與提案內容

目的・課題	• 引進目的或主題。 • KPI（關鍵績效指標）。
方針	• 解決方案的目標。 （一次性、階段性或優先順位）
時程表	• 解決課題的時程表或整體計畫。 （如大致的實施計畫表或開始時期）
系統・計畫	• 提案內容與系統的比對。 （服務的系統或工具是否出現落差）
預算	• 預算的編定。 （檢討商談的必要性或提示生意成交的基本報價）
其他	• 確認企劃書的必需事項。 （目次或架構是否合理，企劃書的內容是否完備等）
提案架構	• 掌握其他提案的必要情報。

不是耍花槍，而是階段性的訂定第一年、第二年與第三年的實施目標（亦即KPI）。那麼，業務員在客戶心目中就不再是普通的下單與接單的關係，而是重要的諮詢對象。

其次是時程表的規畫。時程表一旦各說各話，就無法讓客戶意識到必須馬上下單的急迫性。

例如從客戶的立場反推下單的時程表：「嗯，十二月是業務最忙的時候，所以這套軟體得在十月以前讓各個部門熟悉。因此，我認為在八月上線比較理想。如此看來，貴公司不能再拖了。」

接下來的「系統與計畫」是解決方案與課題的比對。例如客戶的需求是「求才」的話，從媒體廣告、人力仲介、獵人頭或外包等各種管道，確認自家解決方案商品的優缺點。

萬一，此時的解決方案不盡理想的話，切忌意氣用事。倒不如以退為進，回到需求分析的業務流程，重新設定客戶課題。

再來就是「預算」。相信無須我多說，也不會有人少根筋的開口就問：「請問貴公司有多少預算？」特別是在客源開發的場合，客戶是圓是扁都不知道，還談什麼預算？

最重要的是，即使真的大喇喇的問出口，客戶也絕對隨便說一個數字搪塞。問題是即便金額低得離譜，業務員為了接單提出的企劃案也顧不得質量，總之符合客戶預算就好。

為了落入這樣的迷思與盲點，各位不妨參考以下的話術範例。

「方便請教一下貴公司的預算嗎？我希望我們的報價能夠符合貴公司的預

算，以便提出最有效的解決方案。不知道您還有沒有其他需求？」

只要這麼一問，客戶也不好意思回絕，而那些早已編列預算的客戶，也會如實告知。如此一來，業務員的企劃案就不怕被客戶牽著鼻子走。

二、打通客戶的上下關係

當提案方向與客戶的課題磨合成功後，接下來要確認提案內容的具體攻略。關於攻略方面的重點在於掌握以下兩點：客戶的評估與判斷標準；決策者、決議流程、高層或利害關係者。

客戶一旦開始考慮採購，就會認真比較各家廠商的商品，或思考下單某商品，是否能夠解決課題。換句話，業務員想拿下訂單就必須證明自家公司的競爭優勢，與商品的實用性。

此時，不妨參照下頁圖表33，以便事先掌握客戶的「競爭對手」、「與現況

圖表33　客戶的評估與判斷標準

業界競爭與現況的比較

- 企業知名度、實績。
- 售價、預算。
- 功能、規格。
- 性價比、實用性。
- 需求或者條件的吻合度、交期。
- 提案內容以及課題的吻合度。

客戶公司內部的比較

- 內部是否可獨立完成？
- 是否需要外部支援？

其他事項

- 業務員的人格特質以及信賴感。
- 人際關係以及客戶內部的連結。
- 內部派閥等。

相較之下的評選標準」或「從過去的交易記錄，找出客戶的評選重點」等，這都非常有利於之後的商談。

只要掌握客戶的評估標準，企劃案的內容便能夠切中客戶的需求。除此之外，業務員還應該掌握客戶內部的決議流程與決策者。例如，詢問「此次的專案是誰說了算？什麼時候決定？」之類的，打聽最後的拍板者、那些說得上話的高層（部門主管的上司等），或是其他利害關係者的資訊等。

在商談的最後關頭，業務員必須督促接洽的部門主管善盡主導（關鍵人物）的角色，與高層溝通（詳見下頁圖表34）。

而業務員面對這個領域卻是一點也使不上力。因此，在**跟催的階段便必須秉持知己知彼、百戰百勝的精神，與接洽的部門主管商議作戰計畫，鎖定提案的目標、順序與攻略。**

提上去的專案一旦遭董事會否決，便很難挽回。即便是專案主管立即呈報第二個企劃案，也會給高層留下不服輸的印象而擱置不理。

因此，為了讓所有利害關係人員認知到，業務員的提案才是公司的當務之急與最佳解決方案，業務員應該與專案主管共同研議「接下來的拉攏策略」。

三、打鐵趁熱的不二法則

最後是調整下一次商談日程與內容，或再次確認雙方後續或各自的功課。

規畫下一步可以說是跟催訂單中重要的一環，問題是大多數的業務員卻沒放

圖表34　客戶的社內溝通

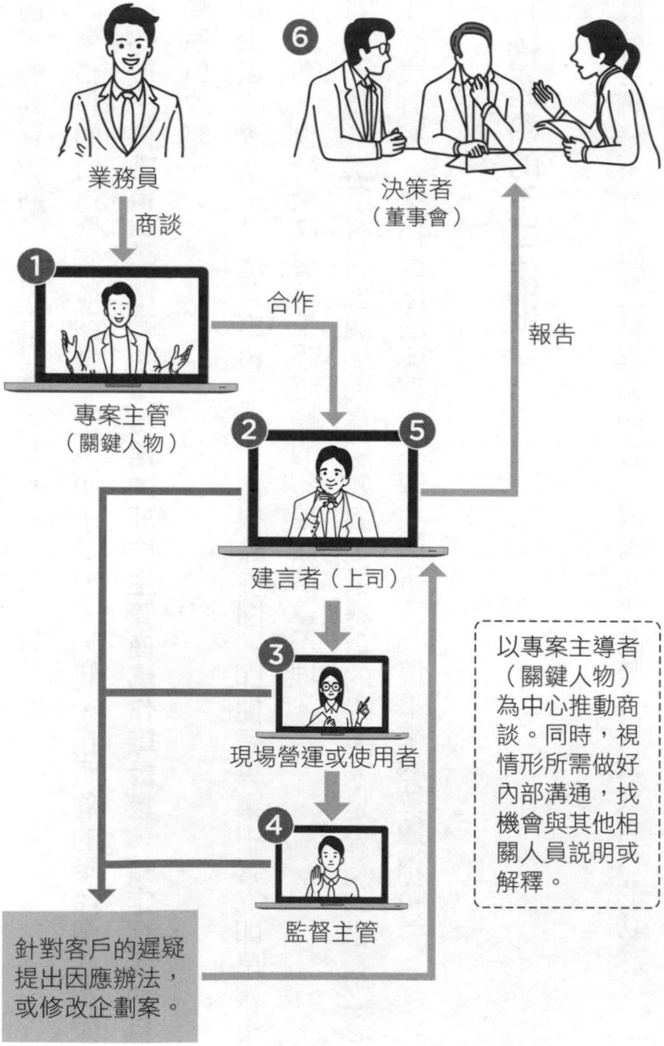
6
業務員
商談
決策者
（董事會）
1
合作
報告
專案主管
（關鍵人物）
2
5
建言者（上司）
3
現場營運或使用者
4
監督主管
針對客戶的遲疑提出因應辦法，或修改企劃案。
以專案主導者（關鍵人物）為中心推動商談。同時，視情形所需做好內部溝通，找機會與其他相關人員說明或解釋。

在心上。

特別是在這個居家辦公、視訊會議或商談見怪不怪的時代，客戶的會議一個接著一個，連喘口氣的時間都沒有。更重要的是，客戶開的會或見的人越多，總會插入一些急件或臨時的工作。於是，業務員免不了先處理這些事。

問題是冷淡下來的還不只是客戶而已，遺憾的是，時間久了連業務員也開始自暴自棄，失去解決客戶問題的熱情。

我相信各位對於每一位客戶，都有「拿不下這份訂單，誓不為人」的雄心壯志。然而，一旦事情不如預期就給自己找各種藉口。

俗話說的好：「打鐵必須趁熱。」業務員也應該在商談中或當日內想好下一步的規畫，排定雙方的時程表，以免回去以後不了了之。

除此之外，站在輔助的角度第一時間提供會議記錄、相關資料或透過電郵傳送書面文件等，以便協助客戶公司內部的遊說。

一旦進展到這一步，雙方的關係就等同於合作夥伴。在正式提出企劃案以前，提供資料之類的輔助工作反而更具效果。

四、預防程咬金出來攪局

千辛萬苦談下來的案子，卻在最後關頭跑出個程咬金來攪局也是常有的事。

老實說，這種狀況就像颱風怎麼也預防不了。不過話說回來，只要做好防颱準備，就可以將災害降到最低。其實，業務銷售也是同樣的道理。

問題是，為什麼會莫名其妙跑出個程咬金？歸咎起來無非兩種可能性，其一是業務員接觸不到決策者或高層；其二是無法影響決策者的意向（營運方針）。換句話說，這些都超出業務員的管控範圍，所以，不管是殺出個程咬金還是程咬銀，只能無語問蒼天。

但兵來將擋、水來土掩，我們還是可以透過預防準備，將傷害降到最低。例如找機會與決策者見上一面、尋找盟友通風報信、通力合作阻擋程咬金的攪局。

以上的對策雖然無法一勞永逸，卻幾乎沒有業務員有這樣的認知。我相信值得各位借鏡參考。

那麼，怎麼樣才能讓高層或決策者出席商談呢？接下來讓我們看一看範例。

範例一：

業務員：「陳經理覺得我的提案如何？有機會合作嗎？」

陳經理：「很好啊。」

業務員：「是嗎？謝謝。不過，不知道高層會有些什麼反應？」

陳經理：「嗯，很難說。」

業務員：「如果高層的接受度不高的話，您可以轉述我剛剛的介紹嗎？」

陳經理：「你是在說笑吧？」

業務員：「要不然找個機會，我與陳經理一起跟高層做個簡報？」

範例二：

業務員：「請問貴公司的決策者一般都在意哪些事項？」

陳經理：「嗯，成功案例或具體成效吧。」

業務員：「喔，您的意思是其他客戶的成功案例與性價比是吧？不妨我陪同您出席吧。如果問到細節的話，我也可以幫您撐撐場面。您覺得呢？」

陳經理：「說得也是。那就麻煩了。」

業務員：「是的，包在我身上！」

範例三：

業務員：「請問貴公司的決策者在決定前，習慣試用或者模擬什麼嗎？」

陳經理：「沒錯。基本上都會親自看一遍才能放心。」

業務員：「了解。那麼我就比照貴公司的情況準備演示的內容。麻煩陳經理幫忙召集相關人員實際體驗一下。」

陳經理：「好啊，找齊了人就通知你。」

從以上三個範例可知，對付程咬金的最佳辦法就是讓客戶產生革命感情，與自己站在同一陣線。

以我個人為例，只要課題決定後就給專案正名，例如「〇〇小組的構想」或「〇〇小組專案」之類的。其實專案名稱不是重點，只要清楚易懂就好，如果能由客戶來命名就再好不過了。

或許有讀者會想：「不是吧，這麼一點小事都麻煩客戶？」其實這就是不為人知的眉角。**專案有了名稱以後，不僅讓商談的氣氛更加熱絡，更能縮短業務員與客戶的距離，凝聚共識。**

也可以藉此讓客戶重新定位自己的角色，不再置身事外。這種認知對於之後企劃書的提案或簡報，都能發揮推波助瀾的效果。試想做簡報的時候，如果有人支援，即便是面對一堆人也不至於心慌。

除此之外，如果客戶有聊天群組的話，即便是簽訂保密協議，說什麼也必須成為其中的一員。事實上，保密協議等於一張護身符，便能在群組中暢所欲言，只要言之有物，自然能夠拉攏客戶的心。

話說回來，如果事先在群組中與客戶建立交情的話，可以藉由溝通調整企劃案的方向。如此一來，幾乎不會發生企劃案被打槍的狀況。

拜託主管確認企劃案的內容也不是不可行，但有了客戶的介入，才能發揮團隊精神，只要業務員與客戶之間有了革命情感，業務成果也就手到擒來。

第 6 章

讓潛在客戶變真客戶

對於客戶而言，最佳的採購無非是透過成功引進商品以解決課題。

因此，客戶的未來完全取決於業務員的企劃案內容，在商談的後半段，更應該堅持自己的立場。企劃案不該虛華不實或敷衍了事，而準備簽約的人不是客戶是業務員本身。

更重要的是，只要客戶沒有了不下單的理由，那麼生意成交也就指日可待，接下來，讓我們來探討核心式行銷後半段的商談技巧。那就是撰寫企劃案、向客戶提案與準備簽約。

01 最大阻礙：對方只想維持現狀

假設各位想買一張三萬日圓上下的桌子，以便居家辦公。請問接下來會怎麼做呢？我猜大概是逛逛家具店或上購物網比一比、看一看吧，即便價位符合自己的預算，也很少有人因為一眼看上就立刻付錢。

如果那張桌子要價一百萬、一千萬甚至一億日圓呢？各位必定會努力蒐集市場情報，比了比，想了又想的，以免事後懊惱悔恨吧。

企業在採購商品時也是同樣的道理，他們的疑慮或考量無非是自家公司的需求，或商品引進以後的運用或實際功效。

因此，競爭優勢與實用性證明，對於顧問式業務流程後半段的「核心式行銷」，扮演舉足輕重的地位。**所謂的競爭並不限於其他報價廠商，反倒是客戶多一事不如少一事，也就是維持現狀的消極態度（偏見）才容易在最後關頭喊停。**

新客戶因缺乏交易的紀錄，即便業務員的提案再令人動心，難免擔心換了廠商所帶來的風險，因此大多選擇續單原廠商，以免自找麻煩。為了打消客戶的疑慮，業務員必須從提案、模擬、應用（成功）案例、示範或FAQ（Frequently Asked Question，常見問題）中著手，讓客戶了解商品引進後的便利性與功效。

02 最好的企劃書寫法，起「轉」承合

一份好的企劃案其實有一定的格式，撰寫時，應該掌握以下四項觀點，以便贏得客戶的認同與合作。

- 解決客戶所面臨的課題。
- 在客戶評價標準中取得優勢。
- 利用故事性，說明企劃案的脈絡與步驟。
- 合情合理（實用性證明或競爭優勢），簡單易懂。

圖表35　企劃案的架構與順序

架構	順序
引發興趣	① 封面／主題 ② 目次／索引
提示解決方案	③ 目的、理想 ④ 現況、問題（落差） ⑤ 問題的主因 ⑥ 具體解決對策
實用性證明	⑦ 模擬／案例
展現競爭優勢	⑧ 競爭優勢
介紹產品清單	⑨ 報價／費用／附屬條件
總結與補充說明	⑩ 彙整／準備簽約

這四項觀點中，但凡缺了任何一項，都有可能讓客戶有了不買單的理由。

接下來，讓我們實際了解企業案的架構該如何帶入這四項觀點，各個頁面該包含那些要素等與具體的撰寫方法。圖表35是賽雷布利克斯建議的企劃案架構。

接下來，我以圖表35為例，說明撰寫企劃案時，排定架構與順序的注意事項與相關重點。

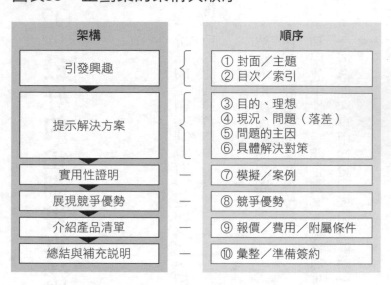

一、動人的標題猶勝千言萬語

首先，利用標題傳達關鍵訊息。**標題是整個企劃案的靈魂，也可以看成客戶的目標所在**，因此必須一針見血的點出客戶最感興趣的話題。說起來難以置信，但曾有客戶跟我說：「我一看到企劃案的標題，就決定跟你們家合作了。」由此可見標題的重要性。

試想業務員呈上來的企劃案，標題寫著「保安強化解決方案」，部門主管不知做何感想？應該覺得缺乏吸引力吧，最重要的是，過於平淡無奇。就像是一招半式行走天下的感覺，完全看不出專為客戶用心設計。

如果站在客戶的觀點，添加一點其他元素，例如「食品業界保衛戰／異物混入對策暨保安管控之強化」的話，如何呢？點出了企劃案的目的以後，是不是看起來犀利許多。

或許有人覺得還有加強的空間。沒錯，意思是到了但不夠吸睛，企劃案的標題不是隨便打幾個字，而是要傳達關鍵訊息，就像是玩文字遊戲，需要左思右想，反覆修改。例如，思考客戶想將保安做到何種程度？投資又希望獲得什麼樣的市場回應等。

總而言之，就是從整體格局與不同的角度發揮想像力。

例如改為以下的標題：

配合市場趨勢，打造安全與安心的企業形象。
～贏得消費者支持暨管控風險的專業保安系統～

各位覺得如何呢？

相信這個標題必定讓客戶眼睛一亮，認為照著做便能在消費者中建立形象與好評，即便是食安問題沸沸揚揚的當下，前途也一片光明。由此可知，懂得選擇用詞與加強力道，便能完全改變客戶的觀感。

我知道雖然是短短的幾行字，有時想破了頭也想不出來，此時，不妨參考同義詞網站。有時候透過觀摩也能讓我們靈光一現。

二、改變文章脈絡，直擊問題中心

標題決定了以後，接下來就是點出解決方案。要將自己當成說書人，生動活潑的推銷，讓客戶期待下單後帶來的好處與便利性，其中，必須注意的順序不是起承轉合，而是起「轉」承合。

一般來說，文章的起承轉合指的是點出事情的起因，同時進一步鋪陳，然後鋒回一轉的總結心得。然而，企劃書講究的是點出主題以後，立即鋒回一轉的直指問題所在。如此一來，更有利於話題的鋪陳或商品引進的必要性。

大綱如下：

- 起：客戶的事業規畫。
- 轉：目前的問題點。
- 承：問題的主因。
- 合：透過商品（服務）解決當下的問題。

透過起轉承合的順序，突顯危機感吸引客戶的注意力，以免聽到偏離了方向。

企劃案必須經過前面步驟的深思熟慮，慎選資源與切入點的精心設計。否則，只能流入俗套，說到最後自己都不知所云，再加上搞不清對價關係的話，提出的報價更沒有說服力。

此時，不妨想一想何謂推銷話術。難道是在電梯裡巧遇客戶，便長篇大論的胡說一通？企劃案也是同樣的道理，自以為是的長篇大論或者一本本厚重的資料，跟客戶又有何相關？

如同我先前說過的，業務銷售也是資訊加工業的一環，面對客戶不是嘮嘮叨叨的，將商品功能或特色重頭到尾的講述一遍，而是要傳達重要資訊。

那是為了避免過多的資訊誤導客戶，錯失接單的機會。

三、合作藍圖的能見度

接下來是實用性證明。直白的說，就是提高期待值的可視度，讓客戶想像商品引進後，對於公司營運的功效與實際應用狀況。

例如透過模擬（商品功效的定量資料），客戶案例、成功模式或應用方法等讓客戶有實質的感受。像是配合客戶的條件打造示範（demo）商品，實際演練一番也不失為一種推銷策略。

在此步驟中，如果不能消除客戶的疑慮或取得認同，那就好比埋下一顆不定時炸彈，客戶隨時隨地都能讓生意叫停，再來就是展現自家商品的競爭優勢。

然而，所謂的競爭優勢並不是與其他廠家爭長短，而是針對客戶的課題，突顯自家商品的優點。這看起來理所當然，其實是一體兩面，有好也有壞，如何篩選資訊即便讓人頭痛，也應該配合客戶的需求篩選，而不是一五一十的將商品功能或特長等全部講出來。

除此之外，客戶端若是公司行號的話，採購與否的決策會更加複雜，這絕非眼前接洽的承辦人說了就算，一旦涉及內部的派系角力，誰都可能受到影響。有鑑於此，企劃案應該以客戶需求的資訊為出發點，力求每一頁的解說都要一目瞭然，同時，透過圖表與簡潔敘述，確保內部傳閱時，第三者也能一清二楚。

最後，是企劃案的確認重點。基本上雖然與推銷資料大同小異，但應該注意連接詞等，以防前後的頁面無法連貫。除此之外，是否突來一筆、前面脈絡無法銜接或者自相矛盾等，都會讓簡報看起來毫無頭緒、亂七八糟。

有時配合商品的性質，也不一定非得特地撰寫企劃案，只要能夠解決客戶的課題，即便是業界資料或報價單也能達到業務推廣的效果。總而言之，所謂的資料是用來展現期待值的可視度，只要有利於客戶下單，任何資料都可以用。

本書的內容為了杜絕客戶一切推託的理由，特意針對各個流程詳細解說與再三提醒。然而，各位也無須過分緊張，但凡進展順利的話，按照一般流程推廣業務即可。

四、鎖定目標，使命必達

撰寫企劃書的準則之一是鎖定目標，使命必達，換句話說，避免白白浪費功夫。我之所以這麼提醒，無非是看過太多業務員不知所以然而為之，將企劃案當成日常工作的一部分。

遺憾的是，對於那些不可能交易的客戶，花再多時間編寫精美的企劃案，無異於浪費寶貴的時間與精力。

若不能「根本性解決客戶的議題」或提出「實用性的或競爭優勢的證明」，再怎麼亮眼的企劃案也無濟於事。倘若業務員的提案（企劃案）被客戶打槍的話，該如何亡羊補牢？

我覺得不妨反向思考，例如：

- 尋求盟友（符合客戶需求的夥伴或內容）。
- 調查或訪談客戶與相關部門，積極蒐集資料。
- 重新設定課題（取決於客戶的配合度）。

你得站在客戶的立場，重新檢視企劃案的內容。如果這個方法還無法奏效的話，不如全盤推翻，從自家公司的優勢著手，蒐集市場情報。

或許有人會說：「幹嘛這麼麻煩。一開始就提出企劃案，將話說開的話，不是更有效率？」

不過，我也不能否定這個可能性，畢竟有因為企劃案而馬上就成交的案例。例如線上商談，我就以為應該透過資料或內容說服客戶。

話說回來，企劃案必須預留討論的頁面，以免讓客戶覺得業務員提出的企劃案就是定論。除此之外，將企劃案視為暫定版也是進可攻，退可守的選項之一。業務員必須牢記的是，第一次提出的企劃案對於後來的需求分析毫無效益。

無論如何，企劃案或資料等內容都是客戶下單的輔助工具。因此，業務員應該配合實際狀況，選擇最合適的工具以便讓客戶體驗商品價值。

03 先確認與會者有誰，再開始寫簡報

顧問式行銷終於剩下最後兩個流程。接下來，讓我們來看一看簡報的內容與重點，無須我多說，相信各位也知道所謂簡報就是最佳企劃案。

換句話說，就是透過一個形式，將課題或解決方案呈現在客戶眼前。

一、簡報內容因對象而異

簡報的第一要點：面對不同的對象，設定課題或關注事項也必然不同。

基本上，業務員的接洽對象大多是部門主管，但有時因客戶的公司規模或採

購流程，也會有不同的人物登場。因此，簡報可能只進行一次，也可能因為中間換手而必須再做一次。

此時，簡報的重點必須隨著對象或採購目的調整內容。因此，**商談前必須確認有哪些人出席**，特別是與會人員眾多又立場各異時，最好參照左頁圖表36掌握各個利害關係者的課題或關心事項。

除此之外，**善用業務資源從感情交好的部門主管口中，打聽誰有決定的權力，作為簡報的重點說服對象**。

一旦在客戶面前進行簡報，業務員必須下意識的消除客戶的疑慮，避免客戶心中帶著問號默默離場。

如果業務員只顧著自說自話，完全無視於客戶的滿臉問號或不以為然的表情，哪怕是一絲一毫都可能埋下客戶不買單的禍因，即便之後再三努力也難以讓客戶釋懷。

圖表36 客戶的關注事項與商談心態因參與者而異

與會者	出席目的	關注事項	商談心態
決策者（董事會）	蒐集廠商資訊，以便裁決。	從公司整體與事業展望考量： • 投資的必要性 • 性價比 • 急迫性	從實用性與競爭優勢等，有利於客戶整體的利益切入。
建言者	蒐集廠商資訊，以便提供建言。	從本身的職務範圍考量商品： • 投資的必要性 • 性價比 • 急迫性	透過邏輯性的綜合說明，突顯自家商品的優勢。
主導者（部門主管）	確認企劃案的內容，以及主導合作專案。	• 必要性 • 與會者的反應 • 今後的進展	確保商談順利進行，分享專案的最新進度。
運用者	蒐集廠商資訊，以便實際運用。	從本身的職務考量商品： • 投資的必要性 • 性價比 • 營運可能	介紹其他企業的成功案例或運用TIPS。
利用者	了解使用方法與實際的感想。	• 操作性 • 便利性 • 需求度	透過示範，讓客戶實際體驗。
監督者	蒐集資安資訊	• 資安方面的風險 • 監督的便利性	透過數據強調保全或監控系統的畫面。

二、起轉承合的再次發威

向客戶做簡報，基本上參照企劃案，從說書人的角度介紹解決方案，因此無須特意改變內容的次序。如同企劃案一般，不是按照起承轉合，而是起轉承合的鋪陳，儘早點出問題所在。大致的流程如左頁圖表37所示。

簡報與企劃案的不同之處在於預留一個討論的時間，讓與會者針對在意的部分或問題點進行問答或討論。此時，如果只是隨口問：「請問各位有問題嗎？」的話，一定全場鴉雀無聲。不如換一個說法，例如：「實際上線的話，不知各位有沒有什麼疑問？」、「現階段有沒有什麼影響貴公司下單的因素？」透過具體性的問題，盡可能查探參與者的疑慮或心中的想法。

三、準備簽約前的確認

當簡報進行至此，終於進入收尾階段。事實上，決定生意成交的收尾並非簽

圖表37 向客戶提案的理想流程

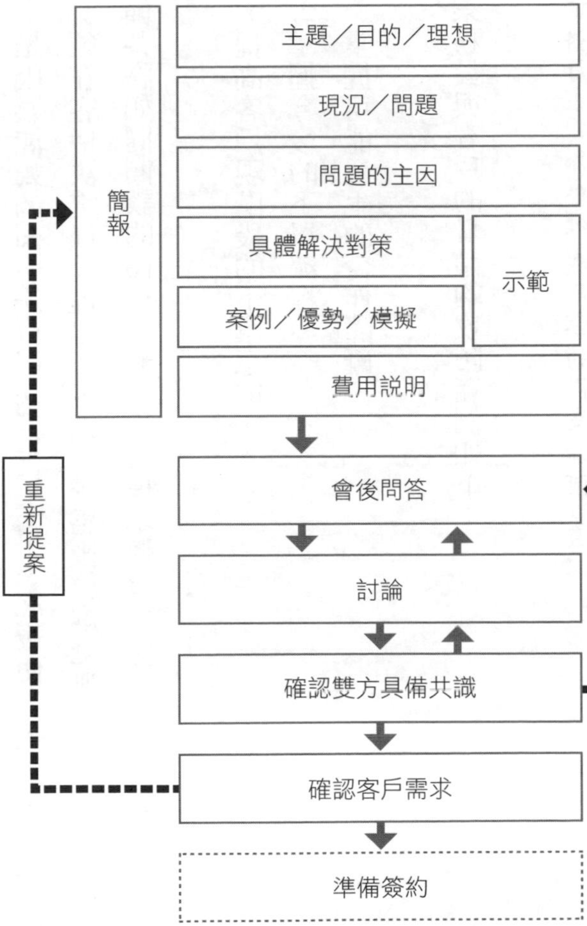

基本上架構與企劃案相同。簡報完後，回答客戶問題與討論，並確認雙方具備共識，針對客戶的疑慮，再度解釋並討論。反覆操作。

約前，而是簡報最後確認雙方是否具備共識。

那是因為簡報的內容如果影響客戶下單，之後便很難扭轉劣勢。所謂的對策，必須在客戶決定以前提出，否則等於馬後放炮毫無意義。因此，確認雙方是否具備共識如同商談的體檢一般，不可掉以輕心。要確認的內容包容：

1. 提高客戶現階段的下單意欲。
2. 掌握今後的下單流程。
3. 掌握可能發生的合作障礙。

業務員與客戶的具體的攻防範例如下：

業務員：「您覺得我剛剛的提案如何？」
陳經理：「滿好的啊。」
業務員：「真的嗎？太好了。不知道合作的可能性有幾成呢？」

陳經理：「嗯，八成左右吧。」

業務員：「是嗎？那您覺得剩下的兩成，問題出在那裡呢？」

之後總結的次序，根據是否與決策者直接討論而不同。首先，是與決策者討論的場合。例如：

陳經理：「我滿想跟你們家合作的，不過也不是我一個人說了算……。」

業務員：「是嗎？請問還需請示哪位高層呢？」

陳經理：「董事。必須通過董事會的決議。」

業務員：「說得也是。請問有沒有可能讓我去跟董事報告一下呢？」

另外是不直接接洽，但間接影響決策的案例：

陳經理：「我覺得你的企劃案倒是不錯，就是不知道上面怎麼想？」

業務員：「這樣啊……請問您上面的主管一般都在意哪些地方？」

陳經理：「就是實際應用是否順利，或者其他客戶的案例。」

業務員：「了解。那麼請問由您說明還是我來報告，比較合適呢？」

陳經理：「還是我自己來吧。」

業務員：「好，那麼我就準備一些模擬或客戶案例的資料給您。不知道您打算在什麼樣的場合提出呢？」

陳經理：「主管會議上，大約有十五分鐘可以說明一下。」

業務員：「好，我回去後準備一份十五分鐘左右的資料。好了以後請您撥十五分鐘給我，討論一下用戶常見的問題。」

以上就是與客戶攻防的對話範例。一位優秀的業務員懂得主動提供補充或報告資料，以便操控接單的進度，通過客戶公司的內部審議。

就如同本書一開頭所說的，所謂的業務員就是要替代客戶選購（採購）或做好內部溝通。

四、免費試用的兩面刃

有些廠商習慣配合簡報的時機點或在簡報後，提供免費試用期間或演示（demonstration）等免費體驗流程。因為沒有什麼比客戶親自試用更能傳達商品的魅力，同時具有說服力。

另一方面，目標不明確的體驗流程對於買賣雙方而言，也容易讓整個活動走偏了方向，其中最常見的就是，不論對象是誰，都提供免費試用。不過，必須申明的是，我可不是否定試用版升級（吸引用戶試用以後，推出不同功能或依帳號計費的銷售模式）的行銷手法。

我想說的是**原本必須付費的商品，卻利用免費的噱頭吸引客戶試用，簡直是多此一舉**。對於那些本就無意下單的客戶而言，提供免費試用有何意義？可是許多業務員卻樂此不疲的，一到客戶那就提供試用帳號，卻不知道是做白工。

免費試用的對象應該針對沒有實際用過不知如何判斷，或希望多方比較的客戶才能發揮功效，這就是資訊加工的一環。除此之外，免費試用可能帶來其他風險。例如：

「廠商雖然給了我們免費試用的帳號，不過公司裡誰也沒有興趣。」

「跟正式下單看起來也沒什麼兩樣。」

「試了一個禮拜覺得也還好。我們公司應該用不上。」

這些都是客戶真實的感想。由此可見，免費試用就像雙面刃一樣，業務員的原始目的雖然是提高接單率或操控商談的進度，但使用不當的話，反而會得到反效果。

那麼，應該怎麼提供免費試用，才能讓客戶感受到商品的價值？

首先，就是聚焦在試用兩個字。換句話說，必須讓客戶理解，所謂的試用期是為了方便客戶驗證商品，以便檢討是否下單的特別服務。

其次，試用帳號不能像天女散花似的胡亂提供，因為試用的人越多，客戶或業務員越不容易掌握試用結果。最後，將試用期當成正式上線一般看待，所有的操作說明或定期跟催都不可少。

例如IT公司的服務不在短期內試用三次，絕對看不出對於平時的業務有沒有影響，因為所謂慣性需要時間來適應，為了提供客戶一個良好的體驗機會，業務員應該全程緊盯，直至客戶上手為止。

有時因應客戶的特性，必須避免客戶因為手續繁瑣而怯步，當然，試用期也應該不忘定期調查或提供建議，積極蒐集客戶的感想。

同樣的，示範也可以採用模擬手法。如果能讓客戶看到或操作商品，實際感受商品的優點當然最好。然而，示範容易發生的盲點，在於適得其反的窘狀。

往往在客戶試用或業務員進行解說時，讓客戶產生「我們家應該用不上吧」，或者「這個示範的環境，跟我們的實際狀況完全不一樣啊……」之類搞錯對象或者不好的印象。如此一來，反而讓客戶有了不想下單的理由。

問題是，這些負面的感想客戶就是放在心裡，業務員永遠不會知道。當著業務員的面，或許說說場面話：「欸，我覺得挺不錯的。」背地裡卻想：「一點都不好用，還是算了吧。」

示範的重點在於，要配合客戶的日常進行準備，並且從旁加以說明，以便確保客戶的臨場感。所謂的體驗，並非不管三七二十一的讓客戶試了就好，而是要慎選對象與確立提供試用的目的。

04 再怎麼心急也絕不能越級聯絡

銷售的最佳結尾就是在商談的最後，讓客戶說一聲：

「這次謝謝你們了，期待今後的合作！」

準備簽約是顧問式業務流程的最後一個階段，扮演著臨門一腳的重要角色。

此時，必須全方位提供各項支援，以確保客戶心甘情願的下單。

一、認清雙方的焦點落差

那麼，實務面該怎麼做才能發揮臨門一腳的功能呢？基本上，必須掌握以下四項重點。

- 從預計的引進時期反推生意成交的時程表。
- 消除客戶的疑問點或不安。
- 配合客戶的條件（如售價、交期或體系等）進行調整或交涉。
- 確定客戶的內部決定。

但再怎麼說準備簽約也是業務流程的一環，因此，對於生意成交的影響力與其他流程不相上下，如果客戶對於前面的流程中，業務員的提案沒有問題的話，最後階段的作用就是雙方條件上的調整。反過來說，如果在最後關頭溝通或交涉失敗的話，前面的努力就等於打水漂。有時為了拿下訂單，必須配合客戶的各種交易習慣（如徵信），因此，切忌覺得即將大功告成而掉以輕心。

這就像案子只要結的好就一切搞定的道理一樣，最後關頭最怕的就是應對進退或社交禮儀方面，給客戶留下不好的印象。

例如礙於公司的壓力，三不五時的詢問進度就是其中之一。當雙方決定合作以後，自然會你來我往的頻繁聯絡，如果只是業務員一廂情願，遲遲得不到客戶的回覆也在所難免。

對於客戶而言，任何採購的下單與否不過是日常工作之一，客戶不放在心上也在所難免，其中的拿捏其實頗有難度。

因此，遇到客戶遲遲沒有回音的狀況也無須心急，三天兩頭的打電話跟催，而是要將客戶視為大忙人，從支援對方的觀點確認商談的進度。同時，堅守崗位，直到生意成交為止。

問題是，**如何才能不讓客戶反感呢？我覺得迂迴戰術倒是不錯的選擇**。例如，在最後委婉的詢問：「方便與您確認貴公司的討論結果嗎？不知道電話與電郵那一個比較好？」

事先給客戶打了招呼以後，之後的聯絡也就不討人嫌了。除此之外，如果客戶的公司允許員工使用SNS等社群網路服務的話，不妨申請加入好友；有時在客戶的貼文點個讚或留言，也能吸引客戶主動聯絡（千真萬確，回報率極高）。

二、便宜沒有好貨的糾紛

即便是進入提案結束階段，也切忌強買強賣的逼著客戶下單。業務員必須有所認知，訂單應該來自於客戶的心甘情願，而不是說破嘴皮子的說服。兩者的行事作風對於客戶來說，簡直天差地別。

事實上，因為透過說服才拿下的訂單也會有後遺症，客戶若非心甘情願的下單，心裡難免留下上當或推不掉的陰影，正式合作以後可能成為爭執的導火線，將合作關係搞得一團糟。

根據我們公司在業界豐富的經驗來看，便宜不一定沒有好貨，但是客訴的機率較高，其他像是續訂與買斷相比的話，買斷的交易模式更容易產生糾紛。

明明是客戶占了便宜，還有什麼好抱怨的呢？其實無非是低單價的商品，業務員習慣單方面的自說自話，讓客戶當場或迫於壓力而下單。

買賣講究的是心甘情願，任誰被趕鴨子上架也會一肚子火。因此，業務員必須將準備簽約定義為幫助客戶決定下單與否的業務流程。

另一個常見的糾紛是越級聯絡。業務推廣不如預期，雖然說不上天經地義，但也算是理所當然，心急一點的業務員為了打破僵局，難免將目標鎖定聯絡窗口或專案負責人的頂頭上司。

問題是這種欠缺思量，如同無頭蒼蠅般的亂闖亂撞，簡直是給自己挖坑跳，這種不顧職場倫理，越級聯絡的不當言行，有時會被客戶列為黑名單。因此，業務員切忌沉不住氣而因小失大，破壞好不容易和客戶建立起來的關係。

三、失敗為成功之母

拿不下訂單不是作為自我安慰的藉口，反而是反省的契機。幹業務這一行的，誰不想讓每筆生意順利成交？拿不下訂單像是被客戶否定似的，其中的抑鬱沉悶自然不在話下。然而，若能從另一個角度正面思考，卻能讓廠商與業務員跳脫既有窠臼，一鳴驚人。

就我個人的經驗而言，這就是塞翁失馬，焉知非福的道理。重點在於找出理由或原因，研擬相應的解決對策，避免自己在同一個地方跌倒兩次。就如同我在本書開頭點出的，只要從科學角度分析出客戶不下單的理由，便能摸索出成功的交易模式。

掉單之所以是反敗為勝的關鍵在於反省——避免犯下同樣的錯誤。例如，透過訪談、電訪或問卷調查等，蒐集在客戶那裡碰壁的理由。

如何應用雖然視情況而定，但前提是在客戶的同意下，調查掉單的原因。對於客戶而言，商談告一段落以後，與廠商的業務聯絡也打下休止符。此時，即便業務員想方設法的，探聽自家商品落選的理由終究得不到任何回應。

這是我先前建議的，利用顧問式業務流程中的簡報，探究客戶的下單意願。例如：「感謝您給我一個與貴公司合作的機會。如果此次沒有機會合作或者貴公司有其他選項的話，可不可以請教其中的理由？至少作為我下一次提案的參考或者定期交換市場資訊。」

僅憑這麼一句話，便能讓客戶的態度有一百八十度的改變。懂得探討與蒐集掉單的理由，擬定業務或銷售策略才能有效的操控業務成果，確保生意百無一失的成交。

第 7 章

續單的關鍵：良好售後服務

所謂真金不怕火煉，業務員的價值往往是生意成交以後見真章。

但有時因為職務的調動，好不容易打下的江山也不得不拱手讓人。話說回來，客戶信賴的是業務員本人，即便走馬換將，也不會影響業務員在客戶心目中的地位。因此，對於自己的提案認真、負責，才是職業道德與品格的展現。

但對於業務員而言，什麼是絕對優勢呢？無非四個字就是讓客戶「非你莫屬」，宛如心腹一般，要**能成為客戶的頭號諮詢對象，只要做到這個地步便天下無敵**。其中，**重要的是贏得客戶的信任與信賴**，然而，信賴感靠的是平時努力，絕非一日可成。因此，**良好的售後服務才能在客戶心目中占有一席之地**。

01 客戶介紹客戶，最快成交

客戶投入度（engagement）指的是業務員與客戶間的信賴關係，如同婚戒一樣，生意場合的投入度可以視為賣方（廠商）與買方（客戶）之間的牽絆。

那麼，買賣雙方又是憑藉什麼加深彼此的投入度？其中，最重要的莫過於客戶成功（Customer Success）的概念。換句話說，就是商品或服務的引進是否實際解決客戶的問題或課題，與累積多少成功案例等，作為投入度的衡量標準。

成功的行銷手法大多應用於以訂閱或SaaS（software as a service，軟體即服務）等定期定額或用戶型的商業模式。

即便如此，也不代表客戶成功的概念在一般企業身上毫無發揮之處。事實上，業務員的提案如果順利解決客戶的問題，或者成效超過預期也可以視為客戶成功的證明。

基本上，客戶之所以下單無非從便利性與解決問題的觀點出發，任何商品的推銷或業務推廣都應該基於成功案例，站在客戶的角度考量。因此，客戶成功的行銷手法對於所有業務員來說，就是不可踰越的職業道德。

客戶投入度往往與業務員回報成正比。在客戶心目中占有一席之地，就是顯而易見的業務優勢，只要鎖定自己的專業領域，讓客戶在遇到任何問題，第一時間想到自己，便是打遍天下無敵手。

客戶的滿意度越高，續單率自然不在話下，還能透過客戶介紹客戶以擴充人脈與業績。因此，只要努力提升客戶的投入度，便能有利於業務績效與銷售成果的表現。

與其將精力花費在尚未建立信用或信賴關係的新客戶身上，倒不如主攻既有客戶來的輕鬆省事。

各位在選購家電之類的高價商品時，想必會跟親朋好友打聽一番吧？

時至今日，連B2B的商業模式也不敢小看留言板的影響力。特別是社群銷售或推薦行銷（referral marketing）之類的銷售手法崛起後，網路上的正、負評大幅影響賣方的業績成果。

總而言之，一個成功的客戶體驗不僅有利於推動下一筆生意，還能降低市場的開拓難度。

02 培養革命情感的互惠關係

在我的業務員生涯中，學到的真理之一是：「讓伯樂（客戶）成為千里馬，才是業務銷售的醍醐味。」

倘若自家的商品成功解決客戶問題的話，那麼下單的部門主管或專案的主導者也必定在公司內部有所好評，提到企業客戶，總給人B2B的商業模式，或者討價還價之類冷冰冰的印象。

其實生意如同一齣電視劇，不論是最後的拍板定案，或者商品引進後如何運用都需要有人參與。

當客戶因為導入專案的成功，升級或晉升時，業務員也不免產生成就感，這種革命情感對於客戶來說更是深刻。一旦遇到人事異動或者轉換跑道之類的風吹草動，也會打一聲招呼，而不是若無其事的走人。

業務操控術的重點在於，透過訂單與客戶方的部門主管建立深厚的情誼。更重要的是，在客戶心目中占有一席之地，對於業務員來說，這就是工作的回報與動力，其中的激勵絕非單純的業務表現或業績所能比擬。

相信各位在推廣業務的同時，也希望成為受人信賴或倚重的業務員。

正因為業務銷售是與客戶對接的洽商模式，身為業務員更應該領悟自己的存在價值。

03 售後服務要有始有終，不能推給別的部門

行文至此，本書也即將進入尾聲。最後，我用一句話與各位共勉之——那就是對於客戶而言，採購本身並不具任何意義。

這句話看起來像是我打臉自己，但其實有其道理與理由。因為有需求就會採購，進貨了以後當然加以應用。客戶的問題並不會因為下單迎刃而解，因此，採購充其量就是解決問題的契機罷了。

另一方面，客戶成功也並不罕見，試想客戶之所以採購，就是期待透過廠家的商品或服務，解決日常生意上遇到的問題或課題。

問題是客戶在決定下單的最後階段，也不免出現更換業務員的突發狀況。

更何況，最近連業務銷售也開始流行分工制或業務分擔，因此，好不容易接了一筆訂單，功勞卻掛在出貨部門也是常有的事。

不可諱言的，從專業性與效率的觀點來看，分工制自有其必要性，倒也不必因為分工制，將辛苦得來的客戶成功拱手讓人。說到底分工制大都是廠商的業務考量，與客戶沒有半點關係

將業務推廣與商品應用視為不同的作業或流程，完全是廠商單方面的看法。對於客戶而言，下單後就等著交貨與實際應用，當然不會切成好幾段來看待。

最重要的是，客戶之所以下單是因為業務員的提案，並不會因為誰來接手而抹殺業務員該有的功勞。我相信任何客戶在決定下單後，遇到廠商因為分工制的理由而指派其他人接手的情況，不會毫無反應（如果廠商過於強硬的話，當然也有例外）。

業務員如果將換手視為理所當然，等於在交接的過程中，棄客戶於不顧，而好不容易建立的客戶投入感也終將功虧一簣。

04 業務換手要顧及客戶感受

有時礙於公司的政策，一旦生意成交便算結案，之後的實際應用或服務全與業務員無關。然而，這是正確的工作態度嗎？

首先，將後續的跟催事宜推給其他部門是最要不得的行為。因為輔導客戶成功是業務員（各位）的工作，提案時應該想像商品或服務引進後，客戶如何實際應用或者可能帶來的便利性。

換句話說，必須牢記不是客戶說什麼就是什麼，既然是雙向溝通，一旦換手就必須顧及客戶的感受，即便是簡單的業務交接，任憑誰都會不安與疑慮。

除此之外，也**不宜接單後立即交接，最好是循序漸進，等到繼任者與客戶建**

立關係以後再交接也不遲。

為了緩解客戶的不安與疑慮，與客戶溝通時，不妨稍加用心。例如，詳細說明接手者的資訊、任務或對於客戶的感想等。

同時，業務員在與同事交接時，應該秉持面對客戶的態度，仔細交代業務推廣的目的、客戶所面臨的問題或課題，與預期結果等資訊。

最後，就如同先前所說的，客戶的投入度就是業務員的商機。只要掌握這個重點，即便是分工制也會有發揮的餘地，接下來只要持續關心，時不時與客戶聯絡即可。

結語
唯有業務員這一行，高薪由自己創造

行文至此，感謝各位讀者一路相隨，最後，請容我拋開業務銷售的話題，分享我現今的感想與心得。

業務培訓講師這個職業對於我來說意義非凡，因為提升外界對於業務員的評價，是我長久以來努力的目標與夢想。

遺憾的是，入職的新鮮人必須從業務員做起的概念，簡直是日本國內企業的不成文規定，於是，在職場磨練與培養中堅幹部的大帽子下，誰也不在意員工的適性與意願，不管三七二十一的全往業務部塞。

不可否認的，學會了基本的業務技能，在每一個職務上都絕對派得上用場。各位不妨細想，我前面幾個章節中介紹的商談技巧或顧問式行銷，難道是耍耍嘴皮子那般簡單？

進一步說，難道只要丟到業務部待上幾天，人人便如金剛護體一般，提出的企劃案保證讓客戶滿意，符合事業營運或商業模式的需求？至少對我來說，那簡直是天方夜譚！

因為業務銷售不僅牽涉專業知識，還須具備行銷技能。換句話說，就是擬定解決方案的業務能力，與打動客戶的說話技巧等，或許這就是外資企業的業務員，薪水總是高得令人眼紅的理由。

特別是在AI盛行與科技發達的今日，機器或軟體無法取代的工作更顯得彌足珍貴，由此可知，能言善道與擅長人際關係的業務員才是企業需要的人才。

有鑑於此，我認為業務培訓講師的職責不應該故步自封，而是致力於栽培以業務員為「終身職志」或「天職」的青年才俊，甚至大膽一點的說，我覺得現在的業務從業人數還可以降一降。

這就好比學測一樣，門檻越高自然去蕪存菁。如此一來，凡是從事業務銷售這一行的人便必須隨時精進與自我學習，以免遭受市場淘汰。只要將其他業務員拋在腦後，能力受到肯定，薪資與業界的評價自然水漲船高，不在話下。

一旦將業務做得風生水起，便從小蝦米蛻變為眾人口中「好厲害」或者「了不起」的大鯨魚。

於是，我便有了一個「Sales is Cool」的構想，將之視為人生永恆的課題，試圖打破業界的常態。此構想如果能夠獲得迴響與支持，便能吸引優秀的人才加入行列，如此一來，不單單有利於提升業務員的素質，對於客戶而言，也能獲得實質上的經濟效益。

一位優秀的業務員必須有能力鎖定根本性的課題，提供客戶最佳的企劃案，唯有做到這一個地步，才能讓更多的客戶覺得物超所值，感受自家商品的好處。當自家的商品讓客戶的生意順利進展、賺取利潤以後，他們自然樂意加碼投資。

如此雞生蛋、蛋生雞良性循環的結果，便能擴大整個經濟規模。

總而言之，業務銷售革命就是顛覆客戶的交易概念與習性。

我面對電腦螢幕，敲打著鍵盤，前塵往事歷歷如目。青春年少的我也曾一心嚮往演藝界，二十四歲時，終於因為夢碎而誤打誤撞的踏入業務銷售這一行。

唉，時間一晃就是十幾年。

雖然這個機緣算是無心插柳，幸運的是十幾年的耕耘與各界的支持愛護，讓我有機會透過此書與各位分享心得。事實上，出書也是我年輕時的夢想之一。就像我前面說過的，我也曾經有過一段碌碌無為的時期。

所幸我在接觸書中所介紹的業務操控術以後，認真學習，同時在實務中貫徹力行，並透過不斷的實踐與反省，一絲一毫的詳細記錄每一日的成果。不知不覺中，我的筆記本就像是葵花寶典一般，隨手一翻都是操控業績成果的武功祕訣。而本書就是我將筆記本的點點滴滴，透過鍵盤分享業務銷售的重點與禁忌，甚至將這本書視為我十四年來的嘔心瀝血之作也不為過。

業務銷售不應該只以業績論英雄，有時候也必須不忘夢想與展望。大多數的工作幾乎以學歷、學測分數、經驗或者資格等過去的表現為重，唯有業務銷售這一行不同，業務員只要做出成績等於自帶光環，走起路來都虎虎生風。

試想我也曾對業務銷售一竅不通，到現在竟然能出書分享心得，相信各位只要找對方向，學習正確的行銷技巧，必能實現自己心中的夢想。

倘若各位因為本書而有所啟發，將是我的無上榮幸。我衷心期盼各位讀者從業務員的定義中，找到中心思想進而發光發亮，讓面對客戶的每一天充滿希望。

最後，謹此對日本扶桑出版社的秋山純一郎先生敬上最深謝意，若非秋山先生的鞭策本書絕對無法問世，除此之外，也感謝所有合作夥伴在各個活動或研討會中，一貫的配合與後援。

當然，賽雷布利克斯同事百忙中的義氣相挺，更讓我銘感於心，再三感謝各界前輩與同好的支持！

國家圖書館出版品預行編目（CIP）資料

業務學，保證拿下訂單的流程：日本最強代銷公司月月50萬筆數據分析，免糾纏、免口才，年年吸引萬人搶上課／今井晶也著；黃雅慧譯.
-- 初版. -- 臺北市：大是文化有限公司, 2023.01
304面；14.8×21公分. --（Biz；413）
譯自：セールス・イズ 科学的に「成果をコントロールする」営業術
ISBN 978-626-7192-67-2（平裝）

1. CST：銷售　2. CST：業務管理　3. CST：職場成功法

496.5　　111017504

Biz 413

業務學，保證拿下訂單的流程

日本最強代銷公司月月50萬筆數據分析，免糾纏、免口才，年年吸引萬人搶上課

作　　者／今井晶也
譯　　者／黃雅慧
責任編輯／江育瑄
校對編輯／陳竑悳
美術編輯／林彥君
副 主 編／馬祥芬
副總編輯／顏惠君
總 編 輯／吳依瑋
發 行 人／徐仲秋
會計助理／李秀娟
會　　計／許鳳雪
版權主任／劉宗德
版權經理／郝麗珍
行銷企劃／徐千晴
行銷業務／李秀蕙
業務專員／馬絮盈、留婉茹
業務經理／林裕安
總 經 理／陳絜吾

出 版 者／大是文化有限公司
臺北市 100 衡陽路 7 號 8 樓
編輯部電話：（02）23757911
購書相關資訊請洽：（02）23757911 分機122
24小時讀者服務傳真：（02）23756999
讀者服務E-mail：dscsms28@gmail.com
郵政劃撥帳號：19983366　戶名：大是文化有限公司
法律顧問／永然聯合法律事務所
香港發行／豐達出版發行有限公司 Rich Publishing & Distribution Ltd
地址：香港柴灣永泰道 70 號柴灣工業城第 2 期 1805 室
Unit 1805, Ph. 2, Chai Wan Ind City, 70 Wing Tai Rd, Chai Wan, Hong Kong
電話：21726513　傳真：21724355
E-mail：cary@subseasy.com.hk

封面設計／林雯瑛　內頁排版／思思
印　　刷／緯峰印刷股份有限公司

出版日期／2023 年 1 月 初版
定價／新臺幣420元（缺頁或裝訂錯誤的書，請寄回更換）
I S B N／978-626-7192-67-2
電子書ISBN／9786267192887（PDF）
9786267192894（EPUB）